辽宁乡村振兴农业实用技术丛书

黄瓜绿色高效栽培技术

主　编　宋铁峰

U0395388

东北大学出版社
·沈　阳·

图书在版编目（CIP）数据

黄瓜绿色高效栽培技术 ／ 宋铁峰主编. — 沈阳：
东北大学出版社，2023.8
ISBN 978-7-5517-3349-6

Ⅰ.①黄… Ⅱ.① 宋… Ⅲ.①黄瓜－蔬菜园艺－无污
染技术 Ⅳ.①S642.2

中国国家版本馆 CIP 数据核字（2023）第 151012 号

出 版 者：东北大学出版社
　　　　　地址：沈阳市和平区文化路三号巷 11 号
　　　　　邮编：110819
　　　　　电话：024－83687331（市场部） 83680267（社务部）
　　　　　传真：024－83680180（市场部） 83680265（社务部）
　　　　　网址：http://www.neupress.com
　　　　　E-mail：neuph@neupress.com
印 刷 者：辽宁一诺广告印务有限公司
发 行 者：东北大学出版社
幅面尺寸：145 mm×210 mm
印　　张：8
字　　数：208 千字
出版时间：2023 年 8 月第 1 版
印刷时间：2023 年 8 月第 1 次印刷
策划编辑：牛连功
责任编辑：杨世剑　张庆琼　　　　　　　责任校对：王　旭
封面设计：潘正一　　　　　　　　　　　责任出版：唐敏志

ISBN 978-7-5517-3349-6　　　　　　　定　价：30.00 元

前　言

　　我国从汉代开始栽培黄瓜,至今已有 2000 多年栽培历史。在长期的生产过程中,黄瓜栽培技术水平不断提高,栽培面积不断扩大。我国是世界上黄瓜生产栽培面积最大、总产量最高的国家。黄瓜生产的发展不仅体现为供应量的提高,也表现为供应期的延长,实现了周年供给。

　　随着黄瓜生产的不断发展,生产中也出现了一系列问题,主要包括黄瓜品种选择不当、高效栽培技术普及不到位、病虫害发生严重等。其中病虫害发生严重是前两个问题的最终体现,不适宜的品种和栽培技术最后都会体现为病虫害发生。生产的长季节化及病虫害高发,常常导致大量使用化肥、农药,降低了产品质量,导致质量安全风险提高。

　　目前我国黄瓜品种更新速度很快,品种专用化程度不断增强,但生产中存在品种选择不当的问题,导致品种优势不能发挥到最大限度,甚至因为不能适应相关设施、环境,最终发生病害。黄瓜绿色、高效栽培技术未得到全面普及,生产中温度、光照、水分、气体、矿质营养不能满足黄瓜生育需求。生产中病虫害发生还十分严重,病虫害种类多,有些病症很相似,病害诊断比较困难,存在诊断不准确、用药不对症和不合理等问题,病虫害已经成为我国黄瓜生产发展的重要限制因素之一。

　　随着人民生活水平的不断提高,人们对黄瓜的需求正在从量的需求转向质的需求，对黄瓜优质、绿色的要求越来越强烈。针对我国黄瓜生产和病虫害防治的现状及人民消费需求新变化，编写一本内容全面并便于读者掌握的黄瓜栽培与病虫害防治图书势在必行。

本分册较全面地介绍了黄瓜栽培的各项技术，主要包括黄瓜品种选择，育苗技术，不同设施、不同茬口栽培技术，病虫害识别与防治方法等内容。本分册以图文并茂的形式介绍了黄瓜绿色栽培技术，针对关键技术配有清晰的参照图片，便于读者直观地掌握相关技术。相信本分册的出版在一定程度上能够促进黄瓜绿色栽培技术的普及与推广，为黄瓜生产水平的提高和品质的改善做出一定的贡献。

本分册由辽宁省农业科学院研究员宋铁峰主编，于晓莹、赵聚勇、杨光、赵越、金连财、李好琢、张玉英、刘红玉、李晓红、刘永丽、赵丽丽参与编写，刘爱群、王国政等为本分册提供了部分图片。本分册的编写参考了有关学者、专家的著作资料，并得到了天津市农业科学院黄瓜研究所、黑龙江省农业科学院、东北农业大学、吉林省农业科学院的相关学者、专家的帮助，在此一并表示感谢！

由于编者水平有限及编写时间仓促，本分册中难免存在疏漏和不当之处，恳请读者提出宝贵意见。

编　者

2023 年 5 月

目 录

第一章 黄瓜栽培的生物学基础

❀ 第一节 黄瓜的植物学特征

一、根

黄瓜的根系由主根、侧根、须根和不定根组成。黄瓜的根系比较浅，横向分布距离较宽。根系主要部分集中分布在地表30 cm土层内，横向可达2 m。黄瓜根系的这种分布特点与其好气性、喜温及原产地湿润的气候条件有关。表层土壤空气含量高，有利于根系呼吸，根系发育良好，有利于对各种养分的吸收。黏重土壤透气性很差，在栽培上要选择透气良好的沙壤土。表层土壤温度较高，适宜黄瓜根系生长需要，定植黄瓜适宜浅栽。

黄瓜根系的另一个特点是木栓化程度高而且时间早，再生能力差，伤根后不易恢复，所以栽培时应该护根育苗，采用营养钵或穴盘育苗。

黄瓜的茎基部近地表处容易发生不定根，幼苗期尤其容易发生。一方面，不定根有助于吸收肥水，栽培上可以通过培土、点水诱根来增加不定根；另一方面，嫁接苗要防止接穗与土壤接触而产生不定根，影响嫁接效果。

二、茎

黄瓜的茎蔓生，横断面呈 4 棱或 5 棱，中空，上具刺毛（图 1-1）。有主蔓和侧蔓之分，一般春季栽培的品种及早熟品种均以主蔓结瓜为主，侧蔓较少；秋季栽培的品种及中晚熟品种侧蔓较多，主侧蔓均可结瓜。多数品种为无限生长型，一般主蔓长度可达 3 m 以上。中部茎粗一般为 0.6~1.2 cm，茎粗是衡量植株健壮与否的一个重要标志，也是决定产量高低的因素之一。一般节间长度 5~15 cm，节间长度与季节、品种、管理等条件均有关，节间长度也是衡量幼苗健壮与否的一个指标。生产上应该培育出下胚轴粗短的壮苗，为丰产打下基础。

图 1-1　黄瓜茎蔓与雌花

图 1-2　黄瓜子叶

三、叶

黄瓜的叶子分为子叶和真叶。

黄瓜子叶对生，呈长椭圆形，长 4~6 cm，宽 2~3 cm（图 1-2）。一般子叶平展，但如果种子弱小或者土壤水分不足，子叶就会皱卷变形（图1-3）。子叶面积虽小，但在黄瓜生育初期起着十分重要的作用。幼苗刚出土时，子叶是植株唯一的同化器官，其贮藏和制造的养分是幼苗早期的主要营养来源。同时，子叶能反映出环境变化及植株健康状况，子叶发生病变往往是植株异常的前兆。

图1-3　子叶变形　　　　　　图1-4　黄瓜真叶

黄瓜真叶互生，呈掌状五角形，叶表面具有刺毛和气孔（图1-4）。叶正面刺毛密，叶背面刺毛稀；叶正面气孔稀而小，叶背面气孔密而大。植株通过气孔的张合进行气体交换，获得进行光合作用必需的二氧化碳，并进行蒸腾作用，调节体温。叶缘还有许多水孔，当空气湿度大时，早晨常可见叶缘有水珠出现。气孔和水孔既是植株生理需要的门户，也是病菌侵入的途径。由于黄瓜叶片背面气孔较多，在打药防治病害时，应注意叶背面的喷药。

四、花

黄瓜基本是雌雄同株异花，偶尔情况下出现两性花（图1-5），两性花一般坐果不良或发育成畸形果。按照黄瓜植株上花的性型可分为不同株型，生产上最常见的为雌雄同株和雌性株（图1-6）。雌性株在国外被普遍应用，国内主栽品种一般为雌雄同株。

图1-5 黄瓜两性花

图1-7 盛开的雄花　　　　　图1-6 黄瓜雌性株

黄瓜一般在6—10时，温度达到15 ℃时开始开花，最适开花温度为18~21 ℃。当天开放的花为金黄色（图1-1，图1-7），以后逐渐褪色变白。

多数品种在幼苗初期就开始花芽分化，第一片真叶展开时，生长点已经分化12节，第9节以下各叶腋都分化了花芽，但性别尚未确定。此时期的环境条件可以影响性型分化，例如较低温度和短日照条件有利于雌花发育，植株的雌花发育大、节位低、雌花节率高。此时期激素及一些化学药品对性型分化也有明显作用，可以喷施乙烯利促进雌花发生，或者喷施硝酸银或赤霉素促进雄花发生。雌花发生早晚及雌花节率与黄瓜早熟丰产性直接相关，因此可以在苗期创造有利于产生雌花的环境条件，促进植株早生多生雌花，以达到早熟丰产的效果。

五、果实

黄瓜的果实为假果，是子房下陷于花托之中，由子房和花托合并而成的。果实外观因品种不同而差异明显。一般为筒状或棒状，长 10~50 cm，有的品种近果柄处明显变细，有的品种则与瓜身差别不大。嫩果皮色有深绿、亮绿、黄白、白、绿白相间等不同颜色；老熟瓜一般为黄白色（图1-8），有的具网纹（图1-9），有的颜色均匀。有的果实刺瘤明显，果刺较多；有的则刺瘤稀少，或者表面光滑，没有刺瘤。刺色有白色、黑色、棕色之分。有的果实棱明显，有的则不明显。果肉颜色有的较绿，有的较白。种子腔大小差别也较大，种子腔太大，影响风味品质，因此生产上应该选用种子腔直径小于瓜横径1/2的品种。黄瓜果实有时会产生苦味，轻的仅在瓜把处有苦味，重的则整条瓜都有苦味，苦味的产生主要是品种原因，同时与栽培条件、气温有关。苗期干旱、氮肥偏多、低温，结果期温度偏高，果实容易产生苦味。

图1-8　成熟果实

图1-9　具网纹的成熟果实

黄瓜有单性结实能力，即不经过授粉也能发育成正常果实。

这种能力在不同品种间存在很大差异，保护地栽培由于缺少昆虫传粉，应该选择单性结实能力强的品种，同时栽培中可以进行人工授粉提高产量。

六、种子

黄瓜的种子为长椭圆形，有的细长较厚，有的宽大较扁，种皮多白色，有的黄白色，表面光滑（图1-10）。单瓜种子数一般为100~300粒，近果顶部分的种子发育早、成熟快，近果柄部分的则发育较迟。长果形品种一般只有近果顶的1/4部分种子饱满，其他部分则空瘪不具备发芽能力。短果形品种大部分种子都可发育成熟。黄瓜种子千粒重20~40 g。每500 g种子有1200~2500粒。

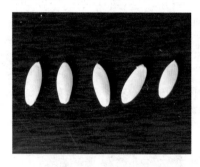

图1-10 黄瓜种子

图1-11 休眠期短的种子
在种子腔内发芽

如果植株生长健康，授粉后30 d左右种子即可成熟，采收的瓜种需要一定时间后熟，否则种子发芽势很差。但有些品种种子的休眠期短，在种子腔内即可发芽（图1-11）。这类品种不适宜后熟，要及时采收并剖瓜取籽。大多数黄瓜种子有1个月左右的休眠期，新采收的种子可用0.5%的双氧水浸泡12 h，打破休眠。在常规条件下，种子的发芽年限为4~5年，生产上一般用1~3年的种子，此段时间的种子发芽力不受影响。

❀ 第二节 黄瓜的生长发育周期

黄瓜的生长发育周期大致可分为发芽期、幼苗期、抽蔓期和结果期。

一、发芽期

从种子萌动到第一片真叶出现为发芽期,一般为5~10 d。此期首先种子萌动,发出幼芽(图1-12),然后主根下扎,下胚轴伸长,子叶展平,主要靠种子自身贮藏的养分供给生长。所以生产上要选用充分成熟、饱满的种子,以保证此期的营养供应。种子不饱满或者高龄种子出苗晚或不出苗,出苗后子叶皱小、不平展(图1-3),幼苗生长缓慢。子叶出土前要保证较高温度、湿度,根据季节不同,可以采用加温、覆膜或遮阳、覆盖稻草等不同育苗方法,促进出苗早、出苗全。子叶出土后要适当降低温度、湿度,防止徒长。如果采用育苗盘或育苗床育苗,应在此期进行分苗。

图1-12 种子发芽

图1-13 黄瓜幼苗

二、幼苗期

从真叶出现到幼苗具 4~5 片真叶（图 1-13）、定植前为幼苗期，历时 20~40 d。此期既有营养器官根、茎、叶的分化和生长，也有生殖器官花和果实的分化发育。基部 4~5 片真叶形成，茎轴呈 Z 形生长，主根伸长和侧根发生，花芽分化和性型分化都已经开始。幼苗期生长量虽然不大，却为整个生长期的发展尤其是高产量和高品质打下了基础，所以培育壮苗是黄瓜优质高产的关键。壮苗的标准是根系洁白、根毛发达，有 4~5 片真叶的幼苗，其侧根应在 40 条左右，下胚轴长度不超过 6 cm，直径在 0.5 cm 以上，子叶完整、全绿、肥而厚，面积为 10~15 cm²，真叶水平展开、肥厚、色绿而稍浓，株冠大而不尖。

三、抽蔓期

定植后到根瓜膨大为抽蔓期，一般为 10~25 d。一般株高 0.4~1.2 m，已有 7~15 片真叶（图 1-14）。此期根系进一步发展，节间开始加长，叶片变大，有卷须出现，有的品种开始发生侧枝，雄花、雌花先后出现并陆续开花。抽蔓期是以营养生长为主、由营养生长向生殖生长过渡的阶段，栽培上既要促进根系和叶片生长，又要使瓜坐稳，防止徒长和化瓜（雌花没有膨大成黄瓜而萎蔫掉）。

图 1-14　抽蔓期植株　　　　图 1-15　结果期植株

四、结果期

从根瓜膨大到拉秧为结果期，结果期的长短因栽培茬口、环境和品种而异，秋季露地栽培黄瓜结果期仅有 40~50 d，越冬茬日光温室栽培黄瓜结果期长达 120~150 d，早熟品种一般结果期较短，晚熟品种结果期较长。此期一方面进行旺盛的营养生长，另一方面进行生殖生长，植株不断地开花、结果（图 1-15）。栽培上要调节营养生长和生殖生长的关系，使二者相辅相成，获得高产。结果期生长旺盛，要满足植株生长所需的各种条件，包括肥水、温度、湿度等。结果期也是病虫害多发的时期，栽培上要注意病虫害的防治工作。

❀ 第三节　黄瓜对环境条件的要求

一、温度

黄瓜是典型的喜温作物，生长发育的适宜温度为 10~32 ℃。不同时期植株的生育适宜温度不同，不同环境条件植株的生育适宜温度也不同。

在不同时期，植株需要的适宜温度不同：发芽期需要较高温度，保证出苗齐、快；幼苗期需要较低温度，防止徒长；定植后缓苗期需要较高温度，促进缓苗；等等。

环境条件不同，植株需要的适宜温度也不同，光照强度增高、空气湿度增大和二氧化碳浓度升高都会使黄瓜的生育适宜温度提高。

生产上要根据生育期和环境条件的不同采用不同的温度管理指标。

（一）最高温度

黄瓜喜温而不耐高温，一般情况下，黄瓜能忍耐的最高温度为45 ℃，如果光照强度、空气湿度、二氧化碳浓度及土壤中施肥量增加，黄瓜的耐热力就会提高。在一般情况下，32 ℃以上，黄瓜呼吸量增加，光合产量开始下降；35 ℃左右，呼吸消耗和光合产量处于平衡状态；35 ℃以上，呼吸消耗高于光合产量；40 ℃以上，光合作用急剧衰退，代谢机能受阻，生长停止；45 ℃以下3 h，叶色变浅，导致雄花落蕾或不能开花，或花粉发芽率低，雌花黄化，极易形成畸形果；50 ℃以下1 h，呼吸作用完全停止，出现日灼，直至植株死亡。

（二）最低温度

黄瓜不耐低温，正常生长发育的低温范围是10~12 ℃。一般把10 ℃定为"黄瓜的经济最低温度"。在10 ℃以下，黄瓜的各种生理活动都会受到影响，直至停止。如果幼苗经过低温锻炼，那么黄瓜植株的耐低温能力就可以提高，所以经过锻炼的植株和未经过锻炼的植株对低温的反应不同。未经过低温锻炼的植株，在5~10 ℃就会遭受寒害，在2~3 ℃就会被冻死；而经过锻炼的植株可以忍受2~3 ℃的低温，甚至短期内处于0 ℃低温也不会被冻死。

（三）昼温和夜温

黄瓜生育期需要一定的昼夜温差。白天进行光合作用，需要较高温度；上半夜进行光合产物运输，需要保证一定温度；下半夜为减少呼吸消耗、防止徒长，需要较低温度。适宜的昼夜温差能使黄瓜最大限度地积累营养物质，一般白天25~30 ℃，夜间13~15 ℃，昼夜温差10~15 ℃较为适宜。保护地栽培，二氧化碳、肥水、光照充足条件下，昼温可适当提高；阴天，光照不足情况下，应降低昼温。

（四）有效积温

黄瓜完成某一生育阶段需要一定的有效积温，生育期不同，需要的有效积温不同（表1-1）。

表1-1 黄瓜不同生育期的有效积温

生育期		天数/d	适宜温度/℃	有效积温/℃	备注
发芽期		10~13	12~30	210~270	—
幼苗期		20~30	15~25	370~380	—
抽蔓期		15~20	14~24	280~380	—
结果期	前期	10~12	15~24	190~230	坐瓜至收根瓜
	结主蔓瓜期	30~40	15~30	670~900	收腰瓜、顶瓜
	结回头瓜期	30~90	16~30	690~2070	包括分枝瓜
末期		10~15	18~25	200~240	—
共计		125~210		2610~5600	—

资料来源：王贵臣，袁珍珍. 黄瓜品种和栽培技术［M］. 北京：中国农业科技出版社，1991.

（五）地温

黄瓜对地温反应敏感，根部生长适宜温度为20~25 ℃，最低温度为15 ℃，最高温度为32~35 ℃。地温过低，根毛不能发生，根系停止生长；地温过高，根的呼吸消耗加快，直至停止生长。根毛发生的最低温度为12~14 ℃，地温低于12 ℃时，根毛不能发生，影响吸水吸肥，地上部分不生长，叶色变黄；根毛发生的最高温度为38 ℃。地温和气温都偏低的情况下，以提高地温为宜。气温高于适宜气温时，地温低一些为宜。但在气温过高和地温过低的情况下，根系不生长，甚至出现"沤根"导致叶片变黄（图1-16）和"花打顶"（图1-17）现象。

图1-16　低地温导致叶片变黄

图1-17　低地温"花打顶"

二、光照

黄瓜为喜光蔬菜。光照充足，同化作用旺盛，产量和品质都可以提高；光照长期不足，同化作用缓慢，产量和品质都将降低。黄瓜的光饱和点为5.5万 lx，光补偿点为1500 lx，最适光照强度为4万~5万 lx，2万 lx以下时不利于高产。同时，黄瓜起源于森林地带，对散射光也有一定的适应性，在保护地弱光照的条件下，黄瓜可以通过加大叶面积、扩大同化面积的方式来适应弱光照，是比较耐弱光的蔬菜。黄瓜的同化产量在一天中有明显的差异，早晨至中午较高，占全天同化总量的60%~70%；下午较低，只占30%~40%。因此日光温室生产黄瓜时，要在保证温度的前提下尽量早揭草苫，延长温室上午的光照时间。黄瓜植株高大，采收中期以后接近温室后墙部分的植株光照较弱，可以通过张挂反光幕来增加后部光照。

三、水分

黄瓜喜湿、不耐旱、不耐涝。黄瓜植株高大，叶片大而多，根系浅，因此对水分需求严格，要求土壤湿度为85%~95%，空气相对湿度为80%~90%。由于黄瓜对水分的需求严格，生产上要经常浇水才能保证黄瓜获得高产。为了获得高产，不同设施、季节、生育期，浇水的次数、水量不同。发芽期要求水分充足，保证出苗整齐；幼苗期适当控制水分，防止徒长；抽蔓期要适当控制水分，促进根系生长，控制地上部分生长，调节地上部分和地下部分生长的平衡。冬春季低温时期，浇水次数和浇水量要少；温度条件适宜，采收盛期，浇水次数和灌水量要多；秋季高温时期，浇水次数要多，灌水量要适当减少。一次浇水不宜过多，否则影响土壤通气性，不利于植株生长。特别是低温时期，浇水后地温进一步降低、湿度增大，极易发生寒根、沤根。生产上采用膜下滴灌栽培（图1-18）可以起到降低土壤水分蒸发、减少灌水次数、防止土壤板结、提高地温、降低空气湿度等作用，膜下滴灌栽培有利于黄瓜正常结果，减少病害发生。

图1-18　膜下滴灌栽培

四、土壤

黄瓜根系浅，喜湿不耐涝，喜肥不耐肥，对土壤条件要求较高，因此最好选择富含有机质、疏松透气的壤土进行栽培。黏土通透性差、增温慢，易导致黄瓜生育延迟，但能够延长黄瓜的生育期，使其总产量较高。沙土易漏肥漏水、增温快，所以黄瓜发育早，前期产量高，但生长后期易脱肥，植株容易早衰。选择壤土便可以解决这些矛盾，获得早熟、丰产、稳产。

黄瓜适宜在中性至弱酸性的土壤中栽培，在pH值为5.5～7.2的土壤里均可正常生长发育。最适宜的土壤pH值为6.5，土壤碱性强容易灼伤根部，产生盐害；土壤酸性强，易发生生理障碍和枯萎病等。可以用生石灰来调节土壤 pH 值。

黄瓜连作，病虫害严重，因此最好与非瓜类作物轮作 3 年以上。

五、矿质营养

黄瓜生长发育除了需要氮、磷、钾三大元素外，还需要钙、镁、硫、铁、锌、硼等多种元素，并且只有在各种元素之间保持适当比例的条件下，黄瓜才能正常生长发育。元素的过量、不足或比例失调都可导致各种生理病害发生。

对氮、磷、钾三元素的吸收量以钾最多，每生产 500 kg 黄瓜，大约需要氮 14.0 kg、磷 4.5 kg、钾 19.5 kg。不同生育期对矿质营养的要求有所不同：幼苗期磷的效果特别明显，应该注意磷肥的使用，可以用磷肥作种肥，或者叶面喷施磷酸二氢钾；抽蔓期吸肥量比较少；结果期，采收后吸肥量开始不断增加，到采收盛期以后吸肥量增加明显，所以应在采收后开始追肥，并且逐渐增加施肥量和施肥次数。

不同矿质营养对黄瓜生育的作用不同。氮是构成蛋白质和叶绿素的主要物质，氮素有利于雌花形成，对根、茎、叶、果实的生长作用也很大。黄瓜喜硝态氮，当铵态氮多时，根系活动减弱，从而影响吸水，同化作用降低。磷是构成细胞核蛋白的一种主要成分，和细胞分裂与增殖、花芽分化、花器形成和果实膨大等有直接关系。磷肥在生育初期吸收量较高。磷肥的利用率低，一般只能利用施肥量的 10% 左右，所以应该施用吸收量的 10~20 倍才能满足植株的需要。钾能促进碳水化合物、蛋白质等物质的合成、转化和运输，在植株生长旺盛的部位都有大量钾存在，钾能增强植株的抗病性和抗逆性，还有促进籽粒饱满和早熟的作用。钾肥吸收和磷肥相反，生育后期是钾肥的吸收盛期。

六、气体

和黄瓜生育密切相关的气体是二氧化碳和氧气。二氧化碳是植物进行光合作用的必需原料之一，而土壤空气中的氧含量则与根系的生长发育、吸收功能密切相关。

黄瓜需要的大量碳元素主要来自二氧化碳，黄瓜通过光合作用把二氧化碳中的碳元素转为体内的三碳化合物，进而形成蛋白质、脂类等物质。一般情况下，黄瓜的光合强度随着二氧化碳浓度的增加而升高，其二氧化碳补偿点为 0.005%，二氧化碳饱和点为 0.1%。一般空气中二氧化碳的浓度为 0.03%，远低于饱和点浓度。在设施栽培中，由于早晨有机物的分解及夜晚生物呼吸作用释放二氧化碳，设施内二氧化碳浓度可达 0.1% 左右，但经过一定时间光合作用（吸收二氧化碳）后，设施内二氧化碳浓度降低。由于设施的相对封闭性，此时设施内的二氧化碳浓度会低于设施外空气中的二氧化碳浓度，应该及时通风换气或者人工释放二氧化碳来补充二氧化碳气体（参见图 6-25）。生产中使用生物秸秆反应堆技术，在改良土壤、增加地温的同时，也可释放出二氧化碳气体。

当土壤中氧气的含量为 15%~20% 时，根系生长发育良好；低于 2% 时，生长不良。大气中氧气含量平均为 20.79%，如果土壤通气性好，可以满足根系发育的氧气需求。土质、有机肥施用量、土壤含水量、表层土壤是否板结等都会对土壤中氧气含量产生影响。生产上通过增施有机肥、适时中耕等方法来增加土壤通气性，从而提高土壤中的含氧量。

第二章 黄瓜绿色栽培品种选择及品种介绍

❀ 第一节 黄瓜品种选择原则

一、黄瓜类型选择

黄瓜有不同的生态型，包括华北型（图 2-1）、华南型（图 2-2）、介于华北型和华南型之间的日韩型（图 2-3）、南亚型、欧洲型（图 2-4）等。其中，我国主要栽培的是华北型和华南型黄瓜，日韩型和欧洲型黄瓜有少量栽培。华北型黄瓜的特点是瓜条较长、刺瘤明显、果皮多深绿色，由张骞从西域经丝绸之路带入中国北方地区，到 6 世纪在我国得到广泛栽培，是我国栽培面积最大的黄瓜类型。华南型黄瓜经我国西南陆地或海路传入，从南到北零散分布在我国各地，栽培面积仅次于华北型黄瓜，一般瓜形短粗、果色较浅、刺瘤稀小。10 世纪黄瓜从中国传到日本，19世纪末黄瓜在日本得到普遍栽培。近代以来，日本选育出了综合华北型和华南型黄瓜优点的黄瓜类型（日韩型），该类型既有华北型黄瓜果色均匀的优点，又有华南型黄瓜刺瘤稀小、易于清洗的优点，瓜条整齐性好，品种适应性强，多为强雌类型，此类型黄瓜在日本、韩国栽培较多，在我国青岛等地有少量栽培。欧洲型黄瓜果皮光滑少刺，果皮多绿色有光泽，蜡粉轻，在我国出口菜基地或采摘园栽培较多。不同类型的黄瓜商品性状差别较大，选择种植的黄瓜品种时，首先要在商品性上选择符合当地市场需求的黄瓜类型，其次要选择抗病性好的品种，为黄瓜绿色生产提供品种方面的保障。

图 2-1　华北型黄瓜

图 2-2　华南型黄瓜

图 2-3　日韩型黄瓜

图 2-4　欧洲型黄瓜

二、种子的选购

黄瓜属于非主要农作物，2017 年以前采用品种备案制（图 2-5），之后实行品种登记制（图 2-6）。购买种子时，要优先选择有品种备案及品种登记的种子，同时要到有种子经营许可证的种子销售处购买。所购种子应已有一定的推广积，并在当地已经试种成功。若种子是没有试种的新品种，最好先少量试种，试种成功之后才可大量种植。同时，要注意种子生产者与该品种育种者是否一致，一般来说育种者掌握品种的原原种，种子纯度有保证。

图 2-5　黄瓜品种备案证书

图 2-6　黄瓜品种登记证书

三、品种和茬口相适应

不同设施、茬口的环境条件不同，对品种的要求也不同，应该根据栽培的设施、茬口选择品种，以获得较高效益，切不可随意选择。具体可参考表 2-1。

表 2-1　黄瓜栽培茬口与适宜品种

设施	茬口	适宜品种
塑料大棚	春茬	津优 318、津优 358、绿园 1 号、绿园 36、京研 2366、绿剑、烟台白黄瓜、吉杂 9 号、吉杂 16 号、中农 29 号、绿园 7 号、龙园翼剑、东农 808、东农 816、绿园 31
	秋茬	津优 318、津优 358、津优 316、绿园 4 号、绿园 30

表2-1(续)

设施	茬口	适宜品种
日光温室	越冬茬	津优315、津优316、津优35、中农26号、博美69
	早春茬	津优315、津优316、津绿3号、津优35、绿园7号、燕白、烟台白黄瓜、吉杂9号、吉杂16号、戴多星、中农29号、东农808、东农816
	秋冬茬	津优318、津优315、津优316、津优5号
小拱棚	春茬	津优1号、绿园4号、绿园1号
露地	春茬	中农8号、津优409、中农16号、绿园30、绿园4号、绿剑、吉杂17号、龙园翼剑、津春5号
	夏茬	津优40、津优4号、园丰元6、吉杂17号
	秋茬	津优409、津优4号、中农8号、绿园4号、吉杂17号

❀ 第二节　适宜品种介绍

一、津优316

由天津科润农业科技股份有限公司黄瓜研究所选育。2018年3月获得农业农村部非主要农作物品种登记证书。植株生长势强，叶片中等大小，主蔓结瓜为主，雌性强，连续结瓜能力强。瓜色深绿，亮度好，腰瓜长35 cm左右，无棱，密刺，果肉淡绿色（图2-7）。前期产量稳定，中后期产量突出，耐低温弱光性突出，抗靶斑病、霜霉病、灰霉病等多种病害。适宜早春、秋延、越冬日光温室栽培。

二、津优409

由天津科润农业科技股份有限公司黄瓜研究所选育。2018年获得农业农村部非主要农作物品种登记证书。植株生长势强，叶片中等大小，叶色深绿，主蔓结瓜为主，雌花节率中等。腰瓜长35 cm，瓜色深绿，亮度好，瓜条顺直（图2-8），商品瓜率高。抗霜霉病、白粉病、角斑病等多种病害，商品性佳。适宜春秋露地栽培。

图2-7　黄瓜品种津优316　　　　图2-8　黄瓜品种津优409

三、中农26号

由中国农业科学院蔬菜花卉研究所选育。2010年获得山西省品种审定委员会认定。植株生长势强，分枝中等，叶色深绿，主蔓结瓜为主，早春第一雌花着生在主蔓第3~4节，节成性高。瓜色深绿，有光泽，腰瓜长约30 cm，瓜把短，心腔小，果肉绿色，商品瓜率高，多刺（图2-9），瘤小，无棱，微纹，质脆味甜。丰产，持续结果能力强，越冬温室生产每亩产量10000 kg以上。抗白粉病、霜霉病，中抗枯萎病，耐低温弱光，适宜日光温室栽培。

图 2-9 黄瓜品种中农 26 号　　图 2-10 黄瓜品种绿园 1 号

四、绿园 1 号

由辽宁省农业科学院蔬菜研究所育成的一代杂种。2006 年通过辽宁省非主要农作物品种备案办公室备案。植株生长势强，叶片深绿色，主蔓结瓜为主，第一雌花着生在主蔓第 3~4 节。瓜长棒状，顺直，商品瓜长 33 cm 左右，刺瘤明显，瓜把中短，瓜皮深绿色，均匀（图 2-10）。抗病毒病、枯萎病，中抗霜霉病，耐低温弱光性好。每亩产量 6000 kg 以上。适宜日光温室早春茬、塑料大棚春茬栽培。

五、津优 315

由天津科润农业科技股份有限公司黄瓜研究所选育。2018 年获得农业农村部非主要农作物品种登记证书。植株生长势强，中等叶片，主蔓结瓜，雌花节率高，中前期产量突出，膨瓜速度快，丰产潜力大，早熟性好。腰瓜长 36 cm 左右，短把密刺，瓜条顺直，畸形瓜率低，瓜色深绿（图 2-11），商品性好。适宜早春、秋延、越冬日光温室栽培。

六、津优 318

由天津科润农业科技股份有限公司黄瓜研究所选育。2019 年

图 2-11　黄瓜品种　　　图 2-12　黄瓜品种　　　图 2-13　黄瓜品种
　　　　津优 315　　　　　　　　津优 318　　　　　　　　津优 358

获得农业农村部非主要农作物品种登记证书。植株生长势强，叶片中等大小，叶色深绿，主蔓结瓜为主，强雌品种，雌花节率达70%，丰产潜力大。腰瓜长 33 cm 左右，瓜色深绿、黑亮，短把密刺，果肉淡绿，瓜条顺直（图 2-12），商品性好。适宜春秋季塑料大棚、秋延温室栽培。

七、津优 358

由天津科润农业科技股份有限公司黄瓜研究所选育。2018 年获得农业农村部非主要农作物品种登记证书。植株生长势强，叶片中等大小，主蔓结瓜，雌花节率高。腰瓜长 34 cm 左右，短把密刺，瓜色深绿，果实油亮（图 2-13），果肉淡绿，口感脆甜，商品性突出。中抗霜霉病，抗白粉病、角斑病。适宜春秋季塑料大棚栽培。

八、绿园 4 号

由辽宁省农业科学院蔬菜研究所育成的一代杂种。2010 年通过辽宁省非主要农作物品种备案办公室备案。植株生长势强，主蔓结瓜为主，第一雌花着生在主蔓第4~6节，雌花节率为30%~40%。商品瓜长30~33 cm，瓜把短，果实亮绿，果色均匀（图2-14），无黄头，刺瘤显著，无棱，质脆味甜，风味品质好。抗霜霉病、白粉病、病毒病等病害。性型分化对环境条件不敏感，适宜露地春季、秋季栽培及塑料大棚秋季栽培。早熟性好，春季露地栽培每亩产量6000 kg左右。

图2-14　黄瓜品种绿园4号　　　图2-15　黄瓜品种绿园7号

九、绿园7号

由辽宁省农业科学院蔬菜所选育的一代杂种。2018年获得农业农村部非主要农作物品种登记证书。华北型黄瓜品种。植株生长势强，第一雌花着生在主蔓第4~6节，以后节节为雌花。商品瓜长30 cm左右，果皮绿色有光泽（图2-15），刺瘤显著，心腔小，果肉绿色较深，风味品质好。耐低温性好，抗霜霉病、细菌性角斑病、病毒病等病害，适宜保护地春季栽培。

十、京研2366

由北京市农林科学院蔬菜中心选育。雌花节率高，生长势强。商品瓜长30 cm以上，瓜把短，果色深绿有光泽，刺瘤中等（图2-16），商品性好。耐低温弱光性好，中抗霜霉病、白粉病，适宜温室及塑料大棚春季栽培。

图 2-16　黄瓜品种京研 2366　　图 2-17　黄瓜品种中农 16 号

十一、中农 16 号

由中国农业科学院蔬菜花卉研究所育成的一代杂种。植株生长势强，早熟，从播种到始收用时 52 d 左右。瓜条长棒形，瓜长 28~35 cm，横径 3.5 cm，瓜色深绿，有光泽，单瓜质量 200 g 左右，刺瘤较小（图 2-17），刺较少，口感甜脆。抗细菌性角斑病、白粉病、霜霉病、枯萎病、黄瓜花叶病毒病等多种病害。适于塑料大棚春季、秋季栽培及露地春季栽培。露地春季栽培每亩产量 6000 kg 左右。

十二、绿园 30

由辽宁省农业科学院园艺研究所育成的一代杂种。华南型黄瓜品种。植株生长势强，叶片平展，第一雌花着生在主蔓第 3~5 节，主蔓结瓜为主。瓜棒状，瓜长 22~25 cm，横径 4~6 cm，果皮白绿色（图 2-18），刺瘤稀小，肉质脆嫩，品质佳。适应性强，对霜霉病、白粉病等均有一定抗性。早熟丰产性好，每亩产量 5000 kg 左右。适宜露地春茬和保护地秋延后栽培。

图 2-18　黄瓜品种绿园 30　　图 2-19　黄瓜品种绿园 31

十三、绿园 31

由辽宁省农业科学院蔬菜研究所育成的一代杂种。2005 年通过辽宁省非主要农作物品种备案办公室备案。华南型黄瓜品种。植株生长势强，主蔓结瓜为主，早熟，第一雌花着生在主蔓第 3~5 节，以后节节为雌花。商品瓜白绿色，刺瘤稀小，白刺，瓜长约 21 cm，瓜横径约 3.5 cm，商品率高，果实耐老性强，不易黄皮，耐贮运（图 2-19）。春季大棚栽培一般每亩产量 6000 kg。耐低温弱光，适宜日光温室栽培和塑料大棚春季栽培。

十四、燕白

由重庆市农业科学院蔬菜花卉研究所选育。植株长势强，第一雌花着生在主蔓第 2~3 节，以后节节有雌花。瓜长 20 cm 左右，绿白色，有明显浅色条纹（图 2-20），果实圆筒形，单瓜质量 100~120 g，品质好。抗霜霉病、白粉病，适宜春季保护地栽培。

图 2-20　黄瓜品种燕白　　　　图 2-21　黄瓜品种绿剑

十五、绿剑

由黑龙江省农业科学院园艺分院选育。2011 年通过黑龙江省农作物品种审定委员会登记，2014 年获黑龙江省政府科技进步二等奖。植株长势强，第一雌花着生在主蔓第 3~5 节，雌花节率较高，主侧蔓均结瓜，结回头瓜，早熟。商品瓜长约 22 cm，横径约 4 cm，果色嫩绿（图 2-21），白刺，刺瘤稀少，耐老化，清香味浓，整齐度好。抗霜霉病、枯萎病，耐细菌性角斑病，适宜塑料大棚春季栽培及露地春季栽培。

十六、烟台白黄瓜

由烟台市农业科学院蔬菜所选育。植株生长势强，侧枝少，主蔓结瓜为主，第一雌花着生在主蔓第 2~3 节。商品瓜短棒状，长 17 cm 左右，横径 3.1 cm 左右，单瓜质量约 100 g，果皮绿白色，刺白褐色，刺瘤较大（图 2-22），刺中等多，果肉较厚。耐低温弱光，较抗霜霉病，适宜保护地春季栽培，一般亩产 4500 kg以上。

图 2-22　烟台白黄瓜　　　　图 2-23　黄瓜品种吉杂 9 号

十七、吉杂 9 号

由吉林省蔬菜花卉科学研究院选育。植株生长势强，主蔓结瓜为主，节成性好，坐瓜多。果实商品性状优良，果形棒状，商品果长 20~25 cm，单瓜质量 150~200 g，果皮绿白色，黑刺，肉质细脆，微甜有香气（图 2-23）。从播种到采收用时 55 d 左右，平均亩产 5300 kg 左右。对霜霉病、角斑病、枯萎病有不同程度的抗性。适宜春季大棚栽培和日光温室栽培。

十八、吉杂 16 号

由吉林省蔬菜花卉科学研究院选育。植株生长势强，叶片中等，主蔓结瓜为主，根系发达，平均株高 380 cm，平均蔓粗 0.95 cm，平均节数 42 节，叶片深绿色，平均雌花节位 3.5 节。果形棒状，果长 20~25 cm，单瓜质量 150~210 g，果皮绿白色（图 2-24），黑刺，果实商品性状优良，肉质细脆，微甜有香气。抗霜霉病能力强，中抗疫病、枯萎病等病害。早熟品种，从播种到采收用时

55 d，平均亩产量 6300 kg 左右。适宜保护地栽培。

图 2-24　黄瓜品种吉杂 16 号

图 2-25　黄瓜品种 C72

十九、C72

　　由青岛市农业科学院选育。植株生长势强，主蔓结瓜为主。商品瓜圆筒形，果皮白绿色，白刺，刺瘤稀少（图 2-25），瓜长约 18 cm，横径约 3.3 cm，平均单果质量 134 g。抗白粉病，中抗霜霉病和黄瓜花叶病毒病。适宜日光温室春季及秋季栽培。

二十、龙园翼剑

　　由黑龙江省农业科学院园艺分院选育。2018 年获农业农村部非主要农作物品种登记证书。植株长势强，早熟，全雌性，第一雌花节位在第 1~2 节，每节 1 瓜，结果能力强，果实膨大快。瓜条嫩绿色，有光泽，耐老化，果形整齐，圆头棒形（图 2-26），长 18~20 cm，横径 3 cm，白刺，刺瘤稀少，口感好，脆嫩微甜。抗病性强，亩产 5000 kg。适宜早春单层覆盖大棚和春季露地栽培。

图 2-26 黄瓜品种龙园翼剑　　图 2-27 黄瓜品种吉杂 17

二十一、吉杂 17

由吉林省蔬菜花卉科学研究院选育。植株生长势强，主蔓结瓜为主，节成性好，平均第一雌花节位在第 4 节。果形棒状，果长 18~19 cm，单瓜质量 170~200 g，果皮绿白色（图 2-27），黑刺，肉质细脆，微甜有香气。从播种到采收用时 55 d 左右，平均亩产 6100 kg。对霜霉病、角斑病、枯萎病有不同程度的抗性。适宜吉林省内露地栽培。

二十二、东农 816

由东北农业大学选育的一代杂种。植株生长势强，主蔓结瓜为主，分枝性弱。全雌性，雌花节率稳定，坐果率 53.9%。商品瓜圆筒形，瓜条顺直，商品瓜率 90% 以上，瓜把形状为钝圆形，皮色浅绿，有绿色斑纹（图 2-28），瓜肉白绿色，瓜长 19 cm 左右，瓜横径 3.1 cm 左右，单瓜质量 115 g 左右。早熟性和丰产性突出，具有单性结实能力。适合东北三省保护地栽培。

图 2-28　黄瓜品种东农 816　　图 2-29　黄瓜品种东农 808

二十三、东农 808

由东北农业大学选育的一代杂种。植株为无限生长型，生长势较强，分枝性弱，耐低温弱光，第一雌花节位在第 3～4 节，雌花节率 78.5%，强雌性，雌花节率稳定。主蔓结瓜，坐果率 54.4%。商品瓜短圆桶形，皮色深绿光亮，无棱、无刺瘤（图 2-29），瓜长 16.4 cm，瓜横径 3.3 cm，果形指数 5.0，单瓜质量 110～120 g，瓜肉浅绿色，果肉厚，种腔小于瓜横径的 1/2。高抗枯萎病、抗霜霉病和细菌性角斑病，中抗白粉病。适合东北三省保护地栽培。

第三章 育苗关键技术

❁ 第一节 育苗前的准备

一、育苗场所的准备

保护地栽培一般要在设施内育苗；露地栽培可在温室、塑料大棚或阳畦育苗（图3-1），定植前一周迁到露地进行适应，夏秋茬露地黄瓜可不育苗直接播种。

图 3-1　阳畦育苗　　　　　　　　图 3-2　育苗床架

育苗前首先要准备好育苗场所，使育苗场所的温度、光照等条件能满足育苗要求。在低温季节，育苗一般应有保温、加温设施，如棚膜、草帘、纸被、地热线或火炉等；在高温季节，育苗一般要有遮阳及防雨设施，如遮阳网、棚膜等。

育苗前要对育苗场所进行清理消毒，清除杂草、上茬残存农作物、杂物，然后可用硫黄加敌百虫熏棚。大批量育苗可以在床架（图3-2）上进行，这样能防止根系扎入土壤，减少人工病害发生，而且环境条件更加一致，可促进苗齐苗壮。床架育苗还能减少人工弯腰操作，降低劳动强度。如果没有床架或育苗量较少，可在平地做苗床，要求床面平整、苗床光照均匀、苗床四周干净整洁。一般苗床宽度 1.0~1.5 m，太宽不利于浇水、间苗等操作。如果用穴盘育苗，宽度可为苗盘长度的 2 倍再加 10 cm，这样可以横向摆两个苗盘。苗床长度由育苗量决定。低温季节育苗要有保温设施，高温季节育苗要有遮阳及防雨设施。

北方温室冬春季节温度低，可在育苗床下铺设地热线（图3-3）增温，满足幼苗生长需求。一般将苗床建在温室偏中部采光和保温好的地块，苗床一般呈长方形，向东西延长。做床时，先画出苗床边框，再将边框内的地面铲平。在苗床两侧（短边，温室育苗一般为苗床东西两侧）钉入短竹棍，间距 8 cm 左右。一般选择 1000 W 的地热线。布线时，先将地热线的一头固定在第一根竹棍上，再向对向拉线，绕过对向两根竹棍，将地热线拉回，如此往复，最后将地热线的另一头拉回。把地热线的两头接线接到控温仪（图3-4）上，控温仪接到电源上，温控探头插在苗床内。布设完毕进行通电测试，测试是否加热、温控设备是否好用。

二、育苗基质的种类与选择

育苗营养土是幼苗生长的基质，要求肥、暖、细、松。有机质丰富，含量要在 15%~20%。容重小于 1 g/cm³，孔隙度大，总孔隙度大于 60%，床土的三相（固、液、气）要各占1/3。全氮含量占 0.5%~1.0%，速效磷含量 100~200 mg/kg，速效钾含量大于 100 mg/kg，水解氮含量大于 60 mg/kg，pH 值在 6.5 左右。无病原菌和虫害。这样的营养土才能培育出优质壮苗。

图 3-3　地热线的铺设　　图 3-4　控温仪与地热线连接

（一）普通营养土

主要成分为田土和有机肥，还包括少量化肥、杀菌剂及杀虫剂。用大田土（60%~70%，也可用没有种过瓜类作物的辣茬①菜田土）、充分腐熟的有机肥（30%~40%，马粪、堆肥、厩肥）、少量化肥（可每立方米用 500 g 磷酸二铵）及杀菌剂（可每立方米用 500 g 50%多菌灵可湿性粉剂）配制。不宜加入尿素、碳酸氢铵等速效氮肥，否则易引发生理变异株。所选各种原料要捣碎、过筛，然后充分混匀。普通营养土取材方便，成本较低，但其密度较大、通透性较差，不适宜和穴盘配套使用，主要在一家一户分散育苗中应用。

（二）草炭、珍珠岩、蛭石等配制的育苗基质

按照草炭与蛭石的体积比为（3~6）：1 进行混合，配制成

① 辣茬指上茬作物为大葱、大蒜、韭菜、洋葱等百合科蔬菜。——编者注

育苗用营养土。多在穴盘育苗时采用，其覆盖物用蛭石。为提高混合效率、均匀程度，降低劳动成本，可使用机械进行混合。先把草炭和珍珠岩初步混合在一起（图3-5），装入机械入口，再一边混合一边喷施50%福美双可湿性粉剂或50%多菌灵可湿性粉剂500倍液（图3-6）。

图3-5　先把草炭和珍珠岩初步混合在一起

图3-6　把原料装入混合机并在出口喷药

三、种子清选与消毒

（一）种子清选

要选择2年内的优良种子播种。播种前淘汰掉空瘪的种子，选留饱满的种子（图3-7）。陈种子、不饱满或弱小的种子，或者过于干燥或暴晒等原因均可导致种子生命力下降。生命力差的种子可造成幼苗子叶畸形、播种后长期不出苗、出苗不一致或幼苗大小不一等问题（图3-8至图3-13），从而耽误农时。

图3-7　清选种子（右侧为饱满的种子）

图3-8　下胚轴很短，
子叶叶缘下垂

图3-9　幼苗子叶分瓣
或具3片子叶

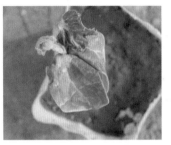

图3-10　两片子叶粘连
在一起，导致第一片真叶
皱缩、不能舒展

图3-11　种子质量差或覆土
过厚造成子叶边缘缺刻

图3-12　出苗后的子叶
边缘为白色，随着光照
增多，会逐渐恢复成绿色

图3-13　出苗不整齐，
秧苗大小差别较大

（二）种子消毒

黄瓜种子上可带多种病菌，在播种前应先对种子进行消毒处理，防止因种子带菌发生病害。

1. 温汤浸种

把种子投入 55~60 ℃温水中浸种 10 min，此过程要不断搅拌（图 3-14），之后降温到 28~30 ℃浸种 4~6 h。

图 3-14 采用温汤浸种法消毒种子

图 3-15 有种膜的种子

2. 药剂消毒

防治真菌性病害用 50%多菌灵可湿性粉剂 500 倍液或 0.1%多菌灵盐酸液浸种 1 h，或用福尔马林（40%甲醛）100 倍液浸种 10~15 min，捞出洗净；防治病毒病，用 10%磷酸三钠溶液浸种 20 min，捞出洗净；防治细菌性病害，用 0.5%次氯酸钠溶液浸种 20 min，或 90%新植霉素可溶性粉剂 3000 倍液浸种 2 h，捞出洗净。之后进行浸种催芽。

3. 种膜剂处理

有些黄瓜种子进行了种膜剂处理，种膜内含杀菌剂和多种微量元素，可减少种子带菌风险或起到灭菌作用。有种膜的种子（图 3-15）可直接浸种催芽，也可直播。

4. 药剂拌种

用药量一般为种子质量的 0.2% ~ 0.5%，拌种时把种子放到罐头瓶内，加入药剂，加盖后摇动 5 min，使药粉充分且均匀地粘在种子表面。常用药剂有 50% 福美双可湿性粉剂、50% 多菌灵可湿性粉剂等。

四、育苗容器的选择

黄瓜育苗常用的容器有育苗盘、营养钵、穴盘、营养土切块等。种子可以直接播在育苗容器内，也可先播种于育苗盘，待子叶展平后再分苗到其他育苗容器中。

（一）育苗盘

若采用分苗方法育苗，要先将种子播在育苗盘（图 3-16）或育苗床中。先将营养土均匀铺在育苗盘内，土面距离育苗盘上沿约 1 cm 高。浇透底水，如果育苗盘内土面不平，要用玻璃板或其他平板刮平土面，然后播种、覆土等。

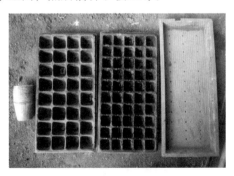

图 3-16 育苗容器

（从左至右分别为营养钵、32 孔穴盘、50 孔穴盘、育苗盘）

（二）营养钵

一般选用直径 8 ~ 10 cm 规格的营养钵（图 3-16）。种子可直播在营养钵中，也可将育苗盘中合适大小的秧苗导到营养钵中。与穴盘育苗相比，营养钵育苗需要的营养土较多，但秧苗的营养面积较大、光照充足。在育苗后期，可以通过拉大营养钵间的距离稀苗，来预防徒长和延长苗龄期。一般在苗龄期较长的情况下采用营养钵，如春季育苗及夏秋季上茬作物倒茬较晚，则可以采用营养钵育苗。营养钵育苗由于需要的营养土较多，一般多用普通营养土。

（三）穴盘

黄瓜一般采用32孔或50孔穴盘进行育苗（图3-16）。穴盘育苗单位植株的营养面积较小，生长后期秧苗互相遮光，容易徒长，所以一般苗期较短，多在苗龄期较短的情况下采用。同时，穴盘育苗具有易于移动、省工、方便管理等优点，在集约化育苗中被普遍采用。普通田土用于穴盘育苗时，起苗时容易伤根，所以穴盘多选用专用基质。

（四）营养土切块

按照普通营养土的配制方法配制基质，加水和成泥。将泥土铺在铺平的苗床内，要求泥土厚度在8~10 cm，上面用瓦刀抹平。然后，用玻璃板在泥面切出8~10 cm边长的营养土块。这种方法成本低、占地面积小，但后期不能稀苗且不方便移动，目前很少采用，一般仅在管理较粗放的大面积露地生产中采用。

❀ 第二节　播种与播后管理

一、播种技术

（一）催芽

一般在种子消毒后进行催芽。将消毒后的种子用清水清洗后放到温度为 28~30 ℃的清水中浸种 4~6 h，淘洗干净后用湿毛巾包上（图 3-17），放在黑暗、通气、温度为 26~28 ℃的环境下催芽。一般 24~36 h 后，芽长可达 1~2 mm，此时结束催芽。

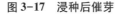

图 3-17　浸种后催芽　　　　图 3-18　左上 5 粒长度合适，
　　　　　　　　　　　　　　　　　　右侧芽过长

（二）播种

芽长 1~2 mm（图 3-18）时开始播种。冬春季节育苗，苗床最好配有地热线。阴雪、寒流天气温度低，易造成种芽腐烂，因此应选天气晴好时播种。播种前要浇足底水，以浇透苗床又无积水为标准。水量过多，形成低温、高湿条件，容易烂种和引发猝倒病；水量不足，种芽易抽干萎蔫而不易出芽。浇水后要对床土消毒，可用 50%多菌灵 200~400 倍液（图 3-19）喷施苗床（图 3-20）。采用营养钵直播的，营养钵不能装满，要在上部留 2 cm 空间，预留覆土和苗期浇水的空间。使用穴盘播种的，要先把基质装入穴盘并刮平（图 3-21），用工具压出播种孔（图 3-22），之后浇水、播种。大批量育苗，也可使用播种机播种，这样可以节省人工并大幅度提高播种效率。

图 3-19　配制消毒药液

图 3-20　播种前喷施苗床

图 3-21　将基质装入穴盘并刮平

图 3-22　穴盘压孔器

（三）覆土

一般覆土厚度为 1.0~1.5 cm（图 3-23）。营养土较湿、陈种子、不饱满的种子、低温季节播种覆土可薄一些；营养土容重较小、新种子、高温季节覆土可厚一些。覆土过薄易出现种子"戴帽"出土（幼苗出土后，种皮未从子叶上脱落）现象，过厚则可能导致种子出土困难。同时，覆土要均匀、厚度要一致，否则可出现幼苗出土不均匀现象。用穴盘播种的，覆土后把穴盘整齐摆在苗床上（图 3-24）。

图 3-23　播种与覆土　　　　图 3-24　摆盘

（四）保温与保墒

冬春季节播种，覆土后应立即覆盖地膜以增温保墒。苗床温度要尽量保证在 25～30 ℃，最低温度应高于 15 ℃，如果温度较低，应加盖小拱棚，或利用地热线、火炉等加温。夏秋季节播种，不宜覆盖地膜，以免温度过高。为了保墒，可在苗床上覆盖稻草、纸被或遮阳网等。

二、出苗后的管理

出苗后应立刻揭掉苗床覆盖物，防止幼苗徒长或烤苗。出苗后要适当控水、控温，增加光照，防止幼苗徒长（图 3-25 至图 3-28）。幼苗徒长后下胚轴、茎节伸长、变细，叶片大而薄，叶色变浅，组织柔嫩，根系弱小，干物质积累少。由于徒长，苗根冠比小，所以抗逆性下降，容易受冻、染病。同时，徒长苗营养不良，花芽形成和发育较慢，早熟性较差，产量较低。

图 3-25　出苗时未及时揭掉覆盖物　图 3-26　夜温过高造成的徒长
造成下胚轴伸长瘦弱

图 3-27　幼苗生长中后期　图 3-28　高温弱光条件下幼苗
没有及时定植或稀苗　　下胚轴伸长，幼苗向光源倾斜
造成幼苗徒长

（一）通风控温

80%幼苗出土后就要开始通风，白天室内温度控制在 25 ℃左右，夜晚室内温度控制在 10~15 ℃，土温保持在 18~22 ℃。用地热线育苗的，尤其要注意在阴雪天调低温度，防止形成弱光高温环境。

（二）增加光照

出苗后温室草苫要尽量早揭晚盖，及时清洁棚膜。有条件的在阴雪天可用灯光补光。在育苗后期，应进行稀苗，拉大苗距，增加幼苗光照，防止徒长。

（三）片土保墒

出苗后要及时向幼苗根部撒过筛细土，促进其发生不定根。同时，片土可减少苗床水分蒸发，降低湿度，提高土温。片土应在叶片露水消失后进行，以免污染叶面，片土不宜过厚。

（四）适当控水

控水不可过度，要求见干见湿，增大浇水量，减少浇水次数。水量大容易导致幼苗徒长。同时，地温高容易出现子叶边缘"吐水"现象（图3-29）。幼苗"吐水"不会对幼苗造成太大伤害，但说明土壤湿度较大，容易引发各种病害。

图3-29　幼苗子叶在叶缘处有一圈水珠

三、分苗与分苗后的管理

分苗又叫移植，指把幼苗从育苗盘中分入营养钵、穴盘等其他育苗容器中。一般在采用育苗盘播种而又不嫁接育苗时进行。

（一）分苗的作用

与营养钵或穴盘直播相比，分苗可缩小播种床面积，节约前期管理费用。通过分苗，可以增大幼苗营养面积，防止徒长；分到新苗床相当于更换了新的营养土，能促进幼苗生长健壮，减少土传病害发生；起苗中会伤害主根，移植后可促进次生根的发生，促进幼苗形成庞大的以次生根为主的根群，使根系分布较集中，总根数增加，提高植株对肥沃的地表土层的利用能力；移植时，可暂时抑制幼苗向上生长，促使幼苗强壮、抗性提高。

（二）分苗的合适时间

两片子叶展平、第一片真叶露心为分苗的合适时间，不宜过晚分苗。1~2 片真叶出现时，幼苗已开始花芽分化，此时分苗必然影响花芽分化，使花芽分化延迟，第一、二雌花节位提高。同时，幼苗过大也不利于幼苗成活。

（三）分苗方法

1. 准备工作

先准备好移植苗床，移植苗床要具备适宜缓苗的环境条件。分苗前将移植容器装好营养土，装土量为容器的 2/3。

2. 起苗

起苗前一天，苗床要浇透水，以免起苗时伤根。起苗后要选苗，淘汰病苗、畸形苗、弱苗。如果幼苗不整齐，还要对幼苗按照大小分级，相同大小的秧苗移植后摆放在一起，便于管理。

3. 移栽

起出的苗应立即移栽，防止长时间暴露于空气中而失水萎蔫，造成大缓苗。不能立即移栽的，应用湿布覆盖保湿。移栽时，可先将幼苗栽到容器里，再摆放在移植床上，然后浇透水；也可前一天将育苗容器浇透水，用小棍在中间插一小孔，第二天向孔内栽苗，覆盖少量干土，然后浇少量水。移栽深度以子叶露出土面 1~2 cm 为宜，幼苗胚轴过长的可适当深栽，促进其发生不定根且降低幼苗高度。

（四）分苗后的管理

分苗后，幼苗需要高温、高湿、光照较弱的条件进行缓苗。

冬春季节分苗，外界温度较低，分苗一般在棚室内进行。分苗后应密闭棚室，中午光照过强时可适当遮光。当幼苗叶色变淡、新根发生后，应适当通风。若分苗时底水过少，可补少量水一次。当幼苗颜色转绿、心叶展开、叶片变大时，说明已经缓苗，可进行正常管理。缓苗后可浇一次缓苗水。夏秋季节分苗，外界高温、强光，管理上要注意遮光、保湿。与冬春季节相比，遮光时间要长、浇水次数应增加。

🍀 第三节　嫁接技术

一、嫁接的优点

（一）防控土传病害发生

保护地生产常年重茬、连作，导致土壤病原菌积累，土传病害发生。枯萎病是黄瓜最重要的土传病害之一，初期造成黄瓜萎蔫，严重时死秧，从而导致减产，甚至绝收，对黄瓜生产危害十分严重。枯萎病具有较强的专一性，很多南瓜品种能对其免疫。利用这类南瓜品种作为黄瓜砧木嫁接，以南瓜根系吸收肥水，不以黄瓜根从土壤中吸收养分，从而减少或防止这些土传病害的发生（图3-30）。

（二）提高黄瓜对其他病害的抗病性

除了对枯萎病等土传病害抗性较强外，砧木南瓜对一些其他病害抗性也较强。通过嫁接，可以提高接穗黄瓜对这些病害的抗病性，例如嫁接可提高黄瓜对白粉病的抗病性等。

（三）提高黄瓜抗逆性

砧木南瓜一般根系强大、生长势强。用其嫁接后，植株表现出对低温或高温、干旱或潮湿、强光或弱光、盐碱土或酸性土等

图 3-30　嫁接后的黄瓜（后侧）未发生枯萎病

的适应性增强，具有更好的抗逆性，降低了各种生理病害的发病率。这种抗逆性的提高也起到了克服棚室连作障碍的作用，这一点对常年栽培黄瓜的棚室意义更大。

（四）有益于培育壮苗

嫁接苗抗性强，嫁接后的幼苗根系发达、叶面积大、不易徒长。

（五）提高黄瓜的肥水利用率

与自根苗相比，嫁接苗根系强大，吸收能力强，特别是对土壤深层的肥水利用率高。

（六）增加产量

由于嫁接有以上五项作用，与自根苗相比，嫁接后的黄瓜生产能力明显增强，通常表现为结果早、结果期长。产量增加明显，一般可增产 20% 以上。在连作棚室、低温季节增产更为明显，可增产 30%～50%。

（七）改进品质

1. 外观品质

嫁接后的果实果肉增厚、心室变小。同时，一些砧木嫁接后可去掉黄瓜蜡粉，增加果实光泽度（图 3-31）。

图 3-31 嫁接后的果实（左侧）无蜡粉层

2. 营养品质

黄瓜嫁接后，果实可溶性固形物、总糖及维生素 C 的含量均有增加。

二、砧木的选择

（一）嫁接用的砧木应具有的性状

与黄瓜接穗亲和力强，切口容易愈合，嫁接后易成活，嫁接后砧木和接穗能互相供应养分；根系生长旺盛，生育期长，嫁接后不降低黄瓜品质；抗病性强（抗枯萎病、疫病、霜霉病、白粉病等）；抗逆性强（耐低温或耐热、耐贫瘠土壤、吸收水肥能力强、耐潮湿、耐干旱等）。

（二）砧木的品种和特征

从种皮颜色区分，南瓜砧木应用较多的有黑籽南瓜、黄籽南瓜及白籽南瓜。

黑籽南瓜一般具有较好的耐低温性、抗病性，而且根系强大，所以曾经是我国保护地栽培采用的主要砧木。使用的品种有云南黑籽南瓜（图 3-32）、山西黑籽南瓜等。但由于黑籽南瓜嫁接后黄瓜果皮蜡粉较重（图 3-33），同时一般子叶较大，不适合工厂化穴盘育苗使用，所以现在使用的情况越来越少。

图 3-32　云南黑籽南瓜（左）、黄籽南瓜威盛（中）、
白籽南瓜新土佐（右）

图 3-33　黑籽南瓜
嫁接后果皮蜡粉较重

图 3-34　黄籽南瓜嫁接后
果皮蜡粉轻

　　黄籽南瓜嫁接后能去掉黄瓜蜡粉（图 3-32，图 3-34），提高了黄瓜商品性状。同时，一些品种的子叶较小，能够满足工厂化穴盘育苗、大密度育苗的需求，目前被普遍采用。使用较多的品种有火凤凰、威盛、云龙七等。

　　白籽南瓜抗病性、耐热性较强，一般在夏秋季节使用。使用较多的品种有日本的新土佐（图 3-32）、金刚、西鲁坡等。

三、用种量的确定

与常规育苗相比，需要额外考虑嫁接苗成活率、砧木发芽率等，所以嫁接育苗要增加播种量。播种量大小和砧木与接穗的亲和力、嫁接技术水平、嫁接后管理水平等密切相关，一般条件下，嫁接育苗用种量要比常规育苗用种量增加20%~30%。接穗、砧木的用种量可按照以下公式进行计算。

（一）黄瓜用种量

式（3-1）、式（3-2）中的数据均指黄瓜而非砧木。

$$A_1 = \frac{常规育苗用种量}{嫁接苗成活率} \qquad (3-1)$$

$$A_2 = \frac{每公顷所需苗数}{\frac{1000}{种子千粒重} \times 种子纯度 \times 种子发芽率} \times 安全系数 \qquad (3-2)$$

式中，A_1 为嫁接育苗黄瓜用种量，g/hm^2；A_2 为常规育苗黄瓜用种量，g/hm^2。

（二）砧木用种量

$$A_3 = \frac{A_1 \times 砧木种子千粒重}{黄瓜种子千粒重 \times 砧木种子纯度 \times 砧木种子发芽率} \qquad (3-3)$$

式中，A_3 为砧木用种量，g/hm^2。

在实际生产中，云南黑籽南瓜种子每千克4000粒左右，一般每亩用种量1.5~2.0 kg。

四、嫁接方法

常用的嫁接方法有靠接法、插接法及双断根插接法等。靠接法较易掌握，植株对外界不良环境的抵抗能力较强，曾经被普遍采用。但靠接法和其他方法相比具有以下缺点：操作烦琐，用工量大，接口愈合不牢固，黄瓜切口易接触地面引发枯萎病；不适合穴盘育苗，不能满足工厂化育苗的要求。所以目前靠接法应用面积越来越小，仅在一家一户分散育苗中少量应用。插接法对外界不良环境抵御能力稍弱，对嫁接后的管理要求比较严格，但其较省工，后期伤口愈合牢固，不易折断，而且适宜穴盘育苗，所以其应用面积越来越大。双断根插接法是一种改良的插接法，能进一步节省人工、提高嫁接效率及幼苗质量，该方法多在工厂化育苗基地应用。

（一）靠接法嫁接技术

该方法又称作舌接、舌靠接、靠插接等。

1. 黄瓜的播种

靠接法需要砧木与接穗茎粗、株高接近，才能方便嫁接。由于砧木生产快、茎秆粗，所以一般黄瓜比砧木要早 3~5 d 播种。黄瓜播种密度不宜过大，以间距 2 cm 左右为宜，过密易造成幼苗下胚轴瘦弱，不利于嫁接。播种前，给苗床浇足底水，以床土湿透、床面无积水为标准。播种后，苗床温度控制在 26~30 ℃，促进出苗。出苗后，要保证光照充足，遇阴雪天应适当补光；要适当控制温度，尤其是夜温不可过高，夜温保持在 10~15 ℃ 即可。较大的间距、光照充足和低夜温可促进胚轴粗壮，方便嫁接并提高嫁接成活率。

2. 南瓜种子的处理

如果用黑籽南瓜作砧木，要注意黑籽南瓜种子有休眠期，选隔年的种子发芽率较高。如用新种子，可用热水烫种的方法打破休眠：取两个容器，其中一个放 70~80 ℃ 热水，另一个放种子，水量为种子质量的 4~6 倍。手持两个木桶来回迅速倾倒，10 min 后水温可降至 55~60 ℃，改用小木棍不断搅拌，搅拌时间 5~10 min。此方法不仅能打破南瓜种子休眠，还可消灭其表面携带的病菌，减少南瓜病菌对黄瓜的侵染。例如，消灭南瓜种子携带的褐斑病菌，减少黄瓜褐斑病发生。

3. 南瓜种子的播种时间

由于南瓜生长迅速，下胚轴易空心，所以不宜播种过早，否则嫁接时南瓜下胚轴可能已空心，导致嫁接接口接触面积小而不易成活。一般当黄瓜子叶展平时，开始播种南瓜即可。

4. 南瓜种子的浸种催芽

将南瓜种子放在30~35 ℃清水中浸种 8 h 左右。浸种后将南瓜种子捞出，用湿布包好，放在 30 ℃左右的环境下催芽，催芽过程中要对南瓜种子进行数次清洗，洗掉其表面黏液。当芽长 0.5~1.0 cm 时开始播种（图3-35）。

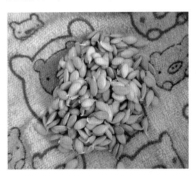

图3-35 砧木芽长 0.5~1.0 cm 时
开始播种

5. 南瓜种子的半沙床育苗

南瓜根系越完整，嫁接后缓苗越快，成活率越高。沙子易分散，不易与根系黏结在一起，采用沙床育苗，可减轻起苗时伤根程度，提高嫁接成活率。半沙床育苗（图3-36）的方法是：在育苗盘或苗床上，铺 3~5 cm 厚的细沙，浇足底水后按照间距 4 cm左右播种，播种后覆盖 2~3 cm 厚的细土。如果南瓜盖土过薄或覆土质地太轻，容易产生"戴帽"出土情况（图3-37）。

图 3-36　砧木南瓜的半沙床育苗

图 3-37　砧木"戴帽"出土

6. 嫁接前的管理

嫁接前，最主要的是控制好胚轴的长度，通过对光照、温度、水分的调整来控制砧木与接穗的胚轴长度，使接穗胚轴高 6~7 cm，砧木胚轴高 5~6 cm，黄瓜苗高于南瓜苗 1~2 cm 较为合适。

7. 嫁接前的准备工作

（1）场所的准备。保持室内温度 20~25 ℃，保持较弱的光照，若晴天嫁接，要适当遮阳。要保证育苗床的温度，如果棚室内温度不够，可在育苗床铺设地热线加温，并用控温仪自动控制苗床温度。苗床宽度以每行可摆 10~12 个营养钵为宜，过宽不宜于栽植嫁接苗。

（2）器械的准备。准备好嫁接夹、竹签、桌子（图 3-38）、凳子、地膜、湿毛巾等器械。

（3）营养钵的准备。将营养钵装入消毒处理后的营养土，整齐摆入苗床。嫁接前一天，将营养钵浇透水，用直径 3~4 cm 的木棍在营养钵中间插一个深 4~5 cm 的坑穴（图 3-39）。

（4）病害的预防。嫁接前一天，用 72.2%霜霉威水剂 600 倍液或 75%百菌清可湿性粉剂 1000 倍液喷施黄瓜苗，预防出苗后及嫁接后缓苗期发生病害（图 3-40）。

图 3-38　准备好嫁接用桌子、凳子

图 3-39　嫁接前摆放好营养钵
　　　　并插好坑穴

图 3-40　出苗后湿度大发生病害

8. 嫁接

当砧木子叶展平、真叶刚露尖，胚轴高 5~6 cm（图 3-41），黄瓜刚现真叶，胚轴达 6~7 cm 高时（图 3-42）进行嫁接。把黄瓜苗和南瓜苗从苗床中起出来（图 3-43），起苗时要尽量保证根系完整，不要让土、污水污染幼苗的下胚轴。用刀片或竹签去掉南瓜生长点，在其子叶节下 5~10 mm 的胚轴上，真叶展开方向，按照 30°~40° 自上而下斜切一刀，切口长度 5 mm 左右，刀口深度为茎粗的 1/2；在黄瓜苗子叶节下 10~15 mm 处，子叶伸展方向，按照30°自下而上斜切一刀，切口深度为茎粗的3/5，形成一舌形楔口。然后将接穗舌形楔插入砧木的切口（图3-44），使黄瓜子叶压在南瓜子叶上面，黄瓜苗在里面，南瓜苗在外面，夹好嫁接夹即可（图3-45）。

图3-41　砧木南瓜幼苗
适宜嫁接时期

图3-42　接穗黄瓜幼苗
适宜嫁接时期

图3-43　起苗

图3-44　接穗舌形楔插入
砧木的切口

图3-45　夹上嫁接夹

图3-46　栽植好的嫁接苗立刻覆膜

9. 嫁接时的注意事项

砧木和接穗的切面要平整,切面要适当长一些;进行清洁操作,避免泥土污染刀口;不宜阳光直射;苗随用随起。

10. 栽植嫁接苗

将嫁接后的苗栽到准备好的营养钵中,将根系放入坑穴中,用少量干营养土填埋固定,然后浇水,使根系与土壤紧密接触。栽苗后在苗床上覆盖白色地膜保温保湿(图3-46)。

11. 嫁接后的管理

嫁接后1~3 d是愈伤组织形成的时期,应以促进接口愈合、新根发生为主,要保证苗床内相对湿度达95%以上,地膜内壁应挂满露珠,温度达26 ℃以上。若温度较低,可在苗床上加设小拱棚并覆盖塑料膜保温(图3-47),如果夜温仍然较低,可在塑料膜外边增盖一层纸被保温。为防止苗床内光照太强,可在棚膜外盖遮阳网(图3-48)。此时期如果湿度太大,每天可打开覆盖幼苗的地膜通风降湿1次。2~3 d以后砧木发新根,接穗有真叶产生,其与接穗间愈伤组织也已形成(图3-49),此时应及时去掉地膜,去掉地膜时间晚易发生病害和烂苗(图3-50)。去地膜应在上午进行,不要一次全部揭掉,先四周放风,2 h后,再全部揭掉。揭膜后4~5 d,白天温度要保持在25 ℃左右,夜间温度保持在16~18 ℃,晴天中午适当遮光,防止嫁接苗萎蔫。以后可以同自根苗一样管理,夜间最低温度降到13~15 ℃,促进嫁接苗花芽分化,育成健壮的嫁接苗。

图 3-47　加设小拱棚并覆盖
塑料膜保温

图 3-48　盖遮阳网遮光

图 3-49　嫁接苗腐烂

图 3-50　接口未愈合的嫁接苗

12. 断根方法及断根后管理

嫁接后 10~15 d，在嫁接夹下方，将黄瓜下胚轴用手指捏伤，破坏输导组织，间隔 3~4 d，再从接口下方把黄瓜下胚轴剪断（图 3-51）。断口应尽量接近嫁接接口处，以免定植后接穗断口接触地面发生不定根，导致发生枯萎病及黄瓜表皮不亮（图 3-52）。断根后应适当遮阳。此期如发现砧木发生新芽，则要随时去掉，以免影响接穗生长。

（二）插接法嫁接技术

该方法又称作顶部插接法。

1. 播种时期

砧木南瓜播种时期比接穗黄瓜早，待砧木心叶展开到直径为

图 3-51　断根

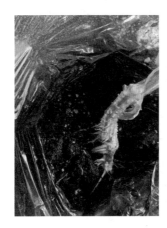

图 3-52　接穗发生不定根（左），导致黄瓜表皮不亮（右）

一元钱硬币大小时播种接穗。砧木点播在穴盘内，接穗直接播种在育苗盘或育苗床内（图 3-53）。播种后至出苗前温度管理同靠接法。

2. 嫁接时期

在南瓜幼苗第二片真叶破心前（图 3-54），黄瓜幼苗子叶开始展开至展平（图 3-55）时进行嫁接。

3. 嫁接工具

嫁接前准备好嫁接工具，如铁钎或竹签（粗度与黄瓜下胚轴粗度相同）和刀片（图 3-56）。

图 3-53　黄瓜的播种

图 3-54　适宜嫁接的砧木幼苗

图 3-55　适宜嫁接的接穗幼苗

图 3-56　嫁接工具

4. 嫁接操作

嫁接时，先用刀片将砧木生长点及真叶切去，去掉时要尽量多留一些组织，用于增加砧木和接穗切口的接触面积。然后插孔，用左手拇指和食指捏住砧木靠近子叶部分的下胚轴，右手拿铁钎（或竹签）从砧木一侧子叶的基部沿子叶连线方向，向对侧子叶下方斜插 0.5 cm 左右（图 3-57）。可刺穿茎对侧表皮（图 3-58），但不要插入髓部，否则会使嫁接接触面积变小，难以愈合，并且容易产生气生根（图 3-59），导致嫁接苗假成活。黄瓜在子叶下 0.5~1.0 cm 处用刀片切成楔形，刀片方向与子叶展开方向平行，切口长与铁钎（或竹签）插入砧木的长度一致，约 0.6 cm（图 3-60）。接穗切好后，立刻拔出铁钎（或竹签），把接穗插入孔中，要求接触面完全贴合，接穗的子叶同砧木的子叶交叉，呈十字形（图 3-61）。

图 3-57 砧木的插法　　图 3-58 插接接口截面　　图 3-59 插入髓部
产生气生根

 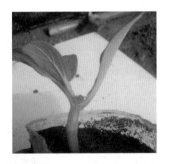

图 3-60 接穗的切法　　　　图 3-61 插接好的幼苗

5. 嫁接后的管理

嫁接后的苗覆盖白色地膜保温保湿。嫁接后前 3 d 是愈伤组织形成的时期，要保证苗床内湿度达 95% 以上，地膜内壁应挂满露珠，地温 28~30 ℃。若温度较低，可在苗床上加设小拱棚并覆盖塑料膜保温，并可铺设电热温床。为防止苗床内光照太强，可在棚膜外覆盖双层遮阳网。此时期如果湿度太大，每天可打开覆盖幼苗的地膜通风降湿 1 次。第 4~5 d 湿度降低至 70%~80%，不降低湿度容易发生病害和烂苗。温度保持在 24~26 ℃，每天放 3 次小风，此时期是嫁接苗成活的关键时期，要求时刻观察嫁接苗的环境条件。第 6~7 d 开始放大风并延长放风时间，白天温度要保持在 25 ℃ 左右，夜间温度保持在 16~18 ℃，晴天中午适当遮阳，防止嫁接苗萎蔫。第 8 d 开始管理同未嫁接苗，夜间最低温度 13~15 ℃，促进嫁接苗花芽分化，育成健壮的嫁接苗。嫁接后第二周开始去除萌蘖，第三周调查嫁接苗成活率。

图 3-62　幼苗接穗产生不定根

若嫁接缓苗后仍然高温高湿，通风不良，容易使嫁接的接穗产生不定根（图 3-62），如果不定根扎入土壤（图 3-63），会诱发枯萎病，并影响瓜条质量。嫁接前砧木控水过度、砧木下胚轴比较长的品种，嫁接后遇到高温高湿环境，容易发生砧木下胚轴开裂现象（图 3-64）。

图 3-63　不定根扎入土壤

图 3-64　砧木下胚轴开裂

❀ 第四节 培育壮苗与苗期处理

一、培育壮苗

培育壮苗是获得丰产的第一步。温、光、水、气、肥管理得当才能培育出壮苗。如果管理不当，容易产生徒长苗和老化苗。徒长苗抗逆性较弱，耐低温能力、耐高温能力、耐干旱能力及耐湿能力均较弱，且易发生病害。老化苗苗龄过长，生长缓慢，定植后不易缓苗，严重的会导致花打顶，节间变短，生育停滞，从而导致结果期缩短，产量降低。育苗中最重要的事情是培育壮苗，防止幼苗徒长与老化。

（一）壮苗

棚室栽培的黄瓜壮苗一般有如下形态特征：具 4~5 片真叶，叶片较大，叶色深绿，水平展开，株冠大而不尖，刺毛刚硬；子叶健全，全绿，厚实肥大；下胚轴长度小于 6 cm，茎粗 5 mm 以上；根系洁白，主根粗壮，次生根根毛多（图 3-65）；无病虫害；壮苗体内干物质含量较多，水分较少。

图 3-65 壮苗根系

（二）徒长苗

植株瘦高，茎粗小于 5 mm，节间长，下胚轴高，长达 10 mm 左右；叶薄而色浅，叶柄细长；子叶发黄，严重的子叶干枯，下部叶片也枯黄；根系稀少。徒长苗多在日照不足、夜温过高、秧苗过密、通风不良、氮肥和水分过多条件下形成。为避免幼苗徒长，育苗时要增加光照、降低夜温、适当控水、避免使用速效氮肥。如果夏秋季节育苗，可以在苗期喷施25%甲哌啶水剂2500倍液，控制幼苗生长。

（三）老化苗

植株矮小，节间很短，茎细，叶片颜色极深且无光泽，叶片小而皱缩，近生长点叶片抱团，根系老化且色暗、不发达。老化苗通常在苗床长期低温、土壤板结缺肥、控水过度条件下形成。为避免幼苗老化，育苗时要保证苗床的温湿度适宜，避免控温、控水过度。育苗期不能过长，苗龄期太长势必长时间控水，缺乏营养，导致幼苗老化，甚至出现花打顶（图3-66），定植后不易缓苗。

图3-66　花打顶的老化苗

二、苗期处理

如果黄瓜品种是普通花型品种，特别是夏秋季节育苗，应在苗期喷施乙烯利促进雌花分化。当幼苗出现2~3片真叶时，喷施100~200 mg/kg乙烯利溶液（40%乙烯利1 mL兑水2~4 kg），5~7 d后再喷1次。如果是雌型品种[1]，无须处理。

---

[1] 雌型品种指只有雌花没有雄花的品种，这样的品种雌花节率高（接近100%），一般产量较高，苗期不用诱雌处理。——编者注

❀ 第五节　苗期主要病虫害识别与防治

一、猝倒病

猝倒病俗称"小脚瘟""绵腐病"，为黄瓜苗期主要病害之一。病原为瓜果腐霉［*Pythium aphanidermatum*（Eds.）Fitzp.］，属鞭毛菌亚门真菌。

（一）症状

种子尚未发芽就会受到病菌侵染，造成烂种。出土不久的幼苗最容易发病，发病时茎基部有水浸状病斑，病斑迅速扩大绕茎一周，病部干枯缢缩呈线状，致幼苗子叶尚为绿色即倒伏死亡，湿度大时病部产生白色棉絮状菌丝。出现中心病株后会以病株为中心，向邻近幼苗蔓延，造成幼苗成片猝倒死亡（图3-67）。

图3-67　幼苗茎基部缢缩，成片猝倒死亡

（二）发病规律

病原菌在土壤表层越冬，在土壤中长期存活，随雨水、灌溉水、带菌的土肥、农具、种子传播。易发病温度为15~16 ℃。光照不足、低温、高湿、幼苗长势弱的条件下，容易发病。

（三）防治方法

1. 农业防治

选用5年内没种过瓜类的疏松肥沃的壤土或专用的育苗土育苗；用温汤浸种法进行种子消毒；低温季节育苗要通过多种措施保证苗床温度适宜，并注意通风换气，降低苗床湿度；发现病株及时拔除，清除邻近土壤，并提早分苗。

2. 化学防治

种子消毒，用50%多菌灵可湿性粉剂或50%福美双可湿性粉剂拌种，用药量分别为种子重量的0.1%和0.4%。育苗土消毒，每平方米苗床施用50%拌种双粉剂或50%多菌灵可湿性粉剂，或50%福美双8~10 g，拌10~15 kg干细土，混匀配成药土，取1/3药土作底土，2/3药土作表土覆盖在种子上面。发现病株后及时拔除，并立即用药剂防治，可采用喷施、表面撒施和灌根等方法进行防治。喷药防治，可用72.2%霜霉威水剂400倍液，或25%甲霜灵可湿性粉剂800倍液，或64%噁霜·锰锌可湿性粉剂500倍液，每7~8 d喷1次，连喷2~3次。表面撒施防治，可每平方米苗床用70%敌磺钠粉剂5 g，加10 kg干细土混匀，撒于床面。

3. 生物防治

可用10%多抗霉素可湿性粉剂1000倍液灌根，每6~7 d灌1次，连灌2~3次。

二、黑星病

黑星病俗称"流胶病"，是保护地黄瓜栽培的主要病害之一，严重影响产量及商品性。病原为半知菌亚门的瓜疮痂枝孢菌（*Cladosporium cucumerinum* Ell.et Arthur）。

（一）症状

低温季节育苗、种子带菌等情况下，黑星病容易在苗期发病，可造成幼苗"秃桩"、失去生长点、子叶及真叶穿孔等。

生长点受害。幼苗受害可使子叶产生黄色小点，生长点呈锥状，无新叶发生（图3-68，图3-69）。

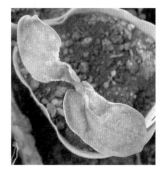 

图3-68　子叶产生黄色
小点，生长点呈锥状，
无新叶发生

图3-69　嫁接苗受害后生长点消失

叶片受害。初期产生褪绿斑点，近圆形，一般较小，后期病部中央脱落、穿孔，留下星纹状的边缘（图3-70）。感病品种会出现较大的穿孔（图3-71）。

图3-70　黑星病为害幼苗
真叶，可产生褪绿斑点，
并造成叶片穿孔，留下
星纹状的边缘（红圈内）

图3-71　感病品种穿孔较大
（红圈内），要与瓜绢螟造成的
穿孔相区别

（二）发病规律

病菌在土壤中的病株残体内越冬，种子也可带菌。初次侵染时病原经过气孔、伤口及表皮直接侵入寄主。寄主部位产生的孢子通过水、气流传播，进行再次侵染。发病适宜温度为 20～22 ℃，适宜空气相对湿度为 90%。光照不足、湿度过大、种子带菌、长期重茬是发病的重要条件。

（三）防治方法

1. 农业防治

选用抗病品种，如津春 1 号、中农 7 号、中农 13 号等；选用无病种子或对种子消毒后使用；育苗场所要消毒处理，栽培场所要进行轮作或土壤消毒，定植时密度不宜过大；增施磷、钾肥，控制浇水量及次数，注意通风透光，升高棚室温度，发现中心病株要及时拔除。

2. 生物防治

发病初期可用 1% 武夷霉素水剂 100 倍液喷施，每 4～5 d 喷1 次，连喷 3～4 次。

3. 化学防治

黑星病的防治重点是及时，一旦发现中心病株，要及时拔除，并在田间及时喷药预防。发病前，每亩可用 6.5% 甲霜灵粉尘剂或 5% 异菌·福美双粉尘剂 1 kg 喷撒，每 7 d 喷撒 1 次，连用4～5 次。发病后，可用 40% 氟硅唑乳油 7000 倍液或 50% 腈·锌·福美双可湿性粉剂 500～1000 倍液。效果较好的药剂有嘧菌酯及烯肟菌酯。使用嘧菌酯喷雾、种子处理或土壤处理的方法均可，喷雾时用 25% 嘧菌酯悬浮剂 60 mL 兑水 30 kg 均匀喷雾。烯肟菌酯用于喷雾，每亩用 25% 烯肟菌酯乳油 30～40 g 均匀喷雾。

三、炭疽病

炭疽病在黄瓜的各个生育期均可发病，一般生长中后期较重，但如果管理不当，在幼苗期就会发生。病原为半知菌亚门真菌葫芦科刺盘孢［*Colletotrichum orbiculare*（Berk. & Mont.）Arx］。

（一）症状

幼苗期，病菌可以侵染叶片、茎等，多以子叶发病为主，子叶边缘及子叶上出现半圆形或圆形病斑（图3-72），黄色，病斑边缘明显，病部粗糙，稍凹陷，湿度大时病部产生黄色胶状物，严重时病部破裂。真叶受害，先产生褪绿的水浸状小斑点，后扩大形成近圆形病斑，红褐色，外有黄色晕圈（图3-73），以后病斑可互相汇合形成不规则大斑。环境干燥时，病斑中部易破裂穿孔。幼苗也可在茎基部发病，病部开始褪绿，后病部缢缩（图3-74），湿度大时产生黄色胶质物，严重时从病部折断，幼苗倒伏。

图3-72　幼苗子叶上出现半圆形
或圆形病斑

图3-73　初期病斑近
圆形，外有黄色晕圈

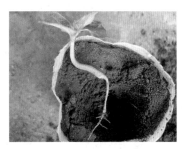

图3-74　幼苗茎基部缢缩

（二）发病规律

病菌可随病残体在土壤中越冬，种子也可带菌。病菌可借助雨水、灌溉水、昆虫及农事操作传播。病菌生长与繁殖适宜温度为22~24 ℃，空气相对湿度95%以上时发病最重。

（三）防治方法

1. 农业防治

选用抗病品种，如津绿4号、中农8号等；选用无病种子或播种前进行种子消毒；避免重茬或土壤消毒；消毒育苗场所和育苗土，预防苗期感病；增施磷、钾肥，提高植株抗病能力；随时清洁田园，减少菌源；实行高畦覆膜栽培，保护地加强通风，降低湿度，减少病害发生；农事操作要细致小心，避免伤口，减少病菌侵入口。

2. 生物防治

可喷施2%嘧啶核苷类抗菌素水剂200倍液，每7~10 d喷1次，连用2~3次。

3. 化学防治

可喷施50%甲基硫菌灵可湿性粉剂700倍液+75%百菌清可湿性粉剂700倍液，或40%多·福·溴菌腈可湿性粉剂500倍液，或80%福·福锌可湿性粉剂800倍液，或50%咪鲜胺可湿性粉剂1500倍液，或25%溴菌腈乳油500倍液。每7~10 d喷1次，连用2~3次。阴雨天可使用2%百菌清粉尘剂，每亩每次用1 kg，每7~10 d喷1次，视病情连用2~3次。

四、砧木南瓜疫病

常在嫁接后的幼苗期发生，可造成砧木叶片枯萎，严重的会导致幼苗死亡。病原为辣椒疫霉（*Phytophthora capsici* Leon），属假菌界卵菌门。

（一）症状

苗期常成片发生（图3-75），造成砧木子叶干枯。一般在子叶先形成水渍状病斑，子叶软腐、下垂，干燥时呈灰褐色，易破裂，最后子叶干枯（图3-76）。

图 3-75　苗期成片发生　　图 3-76　严重时砧木子叶完全干枯

（二）发病规律

同黄瓜疫病，参见第九章相关内容。

（三）防治方法

同黄瓜疫病，参见第九章相关内容。

五、砧木南瓜炭疽病

嫁接后至定植前发生。病原为半知菌亚门真菌葫芦科刺盘孢。

（一）症状

幼苗一出土即可染病，子叶边缘出现半圆形深褐色病斑，上生橙红色小点状黏质物，干燥时可穿孔（图3-77）。病重时幼苗近地部分茎基部缢缩（图3-78），病斑呈黑褐色，最后可至幼苗折倒。

图 3-77 子叶出现深褐色病斑，
干燥时可穿孔

图 3-78 茎基部缢缩

（二）发病规律

病菌可随病残体在土壤中越冬，也可通过种子带菌。高温、高湿条件容易发病。

（三）防治方法

1. 农业防治

砧木南瓜选用无病瓜留种；对种子进行温汤浸种消毒。

2. 化学防治

种子消毒，10 kg 南瓜种子可用 30% 苯噻氰乳油 5 mL 兑水后拌种。南瓜出苗后及苗期发病时可喷施 50% 咪鲜胺可湿性粉剂 1500 倍液，或 25% 嘧菌酯悬浮剂 1000 倍液，或 30% 醚菌酯悬浮剂 2500 倍液，每 7~10 d 喷 1 次，视病情连用 2~3 次。

六、砧木南瓜白粉病

苗期至成株期均可发生。病原为瓜类单丝壳菌 [*Sphaerotheca curbitae* （Jacz.）Z. Y. Zhao]，属子囊菌亚门的真菌。

（一）症状

可为害砧木的子叶及茎秆。子叶染病，首先在叶面形成近圆形白色小病斑（图 3-79），细看由白色霉状物组成，小病斑逐渐向外缘扩展，形成无一定边缘的大白粉斑；严重时，病斑连片，整个叶片布满白粉，叶片背面也可被感染而形成病斑。茎部受害，先形成近圆形病斑，严重时，茎秆上布满白粉（参见图4-21）。砧木南瓜抗白粉病可以提高接穗黄瓜的抗白粉病能力，生产时应该选择抗病砧木。

图3-79　子叶上产生近圆形白色小病斑

（二）发病规律

同黄瓜白粉病，参见第四章相关内容。

（三）防治方法

同黄瓜白粉病，参见第四章相关内容。

七、种子戴帽出土

（一）症状

幼苗出土后种皮没有从子叶上脱落，即戴帽出土（图3-80）。戴帽苗的种皮夹住子叶，使子叶不能平展，影响幼苗光合作用，降低幼苗质量（图3-81）。

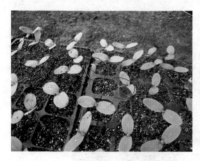 

图 3-80　幼苗戴帽出土　　　　图 3-81　幼苗戴帽，种皮脱落后

（红圈内）　　　　　　　导致子叶上扬、不平展

（二）病因

1. 种皮过于干燥

播种的种子没有浸种，或营养土底水不足、覆土过干等均可造成种皮干燥。当幼苗出土时，种皮不易张开脱落，造成幼苗戴帽出土；幼苗出土时过早去膜或去膜时光线强、温度高，也可导致种皮变干而不易脱落。

2. 覆土过薄

幼苗出土时没有足够的阻力脱去种皮。

3. 种子质量差

发芽势降低，出土无力，导致戴帽出土。

（三）防治方法

1. 保持种皮及土壤湿度

没催芽的种子最好先浸种 5 h 再播种。营养土底水要充足。营养土及盖土要过筛，干湿适度。覆土后，苗床上要根据不同季节覆盖不同的物品保湿，冬春季节可覆盖塑料薄膜，夏秋季节可覆盖稻草、报纸、无纺布等。在幼苗大部分顶土或出土后，可以撒一层厚 3~5 mm 的细土，增加幼苗出土阻力及保持种皮湿度。

幼苗刚出土时，如果床土过干，要立即喷洒少量水，保持土壤湿度。

2. 覆土要覆盖均匀

覆土厚度应为1.0~1.5 cm。

3. 选择生命力强的种子

去除瘪种子，不宜选用陈年种子。

4. 摘掉戴帽种皮

发现种子戴帽，可在刚去膜或早晨湿度大时，用手将种皮摘掉，去皮时要用两只手操作，防止把子叶带掉。

八、冷害

（一）症状

幼苗遇冷害，叶片出现水浸状充水斑，叶片边缘失绿（图3-82），严重时可造成叶肉及生长点枯死（图3-83）。

图3-82　幼苗叶片边缘失绿　　图3-83　幼苗叶肉及生长点枯死

（二）病因

温度降低到黄瓜能忍受的低温界限以下，造成光合作用减弱、呼吸强度降低、养分运转困难等，最终发病。

（三）防治方法

高纬度地区要建设保温、增温性好的优型（好的、优秀的）日光温室，覆盖抗老化无滴膜，覆盖双层草苫保温。

定植选寒尾暖头（寒流刚过、天气转暖的时候）的晴天进行，最好保证定植后 3 d 内为晴天。

定植后寒流来袭，可覆盖小拱棚保温。

寒流前，喷施 72% 硫酸链霉素可溶性粉剂 4000 倍液或 27% 高脂膜乳剂 80~100 倍液，可起到一定预防作用。

九、幼苗药害

（一）症状

过量使用农药造成幼苗子叶、真叶、生长点等出现异常，如褪绿或干枯（图 3-84 至图 3-87）、扭曲（图 3-88）、生长点变小或消失（图 3-89）等，严重时造成幼苗死亡。

图 3-84　育苗前营养土杀菌剂　　图 3-85　苗期杀菌剂过量使用
　　用量过多，子叶出土后边缘　　　　使真叶边缘干枯、白化
　　失绿、上卷，严重时子叶干枯
　　　　　（红圈内）

图 3-86　苗期杀菌剂喷施
浓度过大或药量大造成叶片
中间叶肉失绿

图 3-87　苗期杀菌剂灌根
导致叶片变浅，叶缘白化、
干枯

图 3-88　苗期使用激素造成
叶片皱缩、心叶不舒展

图 3-89　药滴太大，在子叶
上形成药剂灼伤斑，使真叶
及生长点扭曲变形

（二）病因

化学药品（杀虫剂、杀菌剂、除草剂、植物生长调剂等）施
用过量、浓度过高、使用方法不当均可导致药害。其机理可能是
药剂微粒直接堵塞叶表气孔、水孔或进入组织堵塞细胞间隙，导
致植株的呼吸、蒸腾、光合等生理活动受到严重影响，也可能是
药剂进入植株细胞或组织后，与一些内含物发生化学反应，产生
毒害物质，致使正常的生理活动受到干扰，进而表现出一些外部

形态的异常变化。近年来，大田除草剂的飘移所导致的黄瓜药害最为严重，其影响面积大，危害严重，可造成减产，严重时甚至造成植株大面积死亡。

（三）防治方法

选择对黄瓜安全的正规农药；严格按照规定的浓度、用药量施用农药，农药混用要科学合理，喷药时药滴要细小，喷雾要均匀，避免局部着药过多；喷药要避开高温烈日的中午，此时植株耐药力减弱，而药物活性增强，容易产生药害；苗期、开花期植株的耐药力较弱，此时用药要适当降低浓度，减少用量；合理安排露地黄瓜定植期，避开大田除草剂施用时期。

一旦发生药害，应及时采取如下补救办法。

1. 增加植株的抵抗力

增施含磷、钾的速效肥，提高植株抵抗力。同时，中耕松土，促进根系发育，增强植株恢复能力。

2. 稀释药液浓度

及时灌水，降低植株内药剂浓度，减轻危害。

3. 发现用错药时，要立刻喷洒大量清水淋洗

因为大多数农药遇到碱性物质便会分解，所以可配成 0.5%~1.0% 的石灰水进行淋洗。

4. 去除药害较严重的部位

如果是内吸性较强的药剂发生的药害，若其药害发生在叶片上，可及时去掉受害严重的叶片，减少药剂向其他部位传导。

十、瓜蚜

瓜蚜俗称"腻虫""蜜虫"。

（一）症状

幼苗期就可发生。以成虫和若虫在嫩茎、嫩尖、叶背上吸食

汁液的形式为害，严重时幼苗叶片表面布满瓜蚜（图3-90）。瓜蚜还能传播病毒病、煤污病等病害。

图3-90　幼苗叶片表面布满瓜蚜

（二）发生规律

生长繁殖的最适宜温度为16～22 ℃，温度低于6 ℃或高于27 ℃，相对湿度达75%以上，均不利于瓜蚜的生长与繁殖。露地黄瓜生产，在干旱少雨、温度较高的年份，瓜蚜为害较重；相反，在雨水较多的年份，瓜蚜为害较轻。

（三）防治方法

1. 农业防治

及时清除寄主杂草；培育无虫苗。

2. 生物防治

保护或放养天敌，瓜蚜的天敌有七星瓢虫、异色瓢虫、草蛉、食蚜蝇、食虫蜡象、蚜茧蜂等。

3. 物理防治

育苗及保护地栽培覆盖防虫网（图3-91）；育苗区挂黄板诱杀瓜蚜（图3-92）。

图 3-91　育苗床覆盖防虫网　　**图 3-92　育苗区挂黄板诱杀瓜蚜**

4. 化学防治

发现瓜蚜及时用药防治，保护地用烟剂防治效果较好，可每亩每次用杀蚜烟剂 400 g，每 7~8 d 熏 1 次，连用 2~3 次。喷雾防治可用 10% 吡虫啉可湿性粉剂 2500 倍液，或 50% 抗蚜威可湿性粉剂 2000~3000 倍液，或 15% 哒螨酮乳油 2500~3500 倍液，或 20% 甲氰菊酯乳油 2000 倍液，或 3% 啶虫脒乳油 1500 倍液，以上药剂要交替使用，每 5~6 d 喷 1 次，连喷 3~4 次。喷洒时，应注意喷施植株上部和叶背面，尽可能喷射到虫体上。

十一、野蛞蝓

野蛞蝓俗称"鼻涕虫""无壳蜒蚰螺"（图 3-93），原来主要分布在我国南方各省，近年来在北方保护地蔬菜生产中也有发生。

（一）症状

主要在黄瓜幼苗真叶出现前为害，刮食生长点和子叶，造成生长点消失（图 3-94）、叶片组织缺失（图 3-95），对幼苗危害很大。同时，会刮食嫁接苗的砧木子叶，造成砧木子叶组织缺失（图 3-96）。

图 3-93　野蛞蝓外形

图 3-94　刮食生长点，导致幼苗
仅剩下胚轴

图 3-95　刮食子叶，造成叶片
组织缺失

图 3-96　为害砧木南瓜，造成
砧木子叶组织缺失

（二）发生规律

野蛞蝓怕见光，强光下 2~3 h 即可被晒死，多在夜间为害。以成体和幼体在作物根部湿土下冬眠，大部分卵产在相对湿度为 75% 的土壤中。

（三）防治方法

1. 农业防治

清洁田园，铲除杂草，破坏其栖息和产卵场所；休闲季节深翻土壤，使部分越冬虫暴露于地面，减少虫源；人工诱捕，用菜叶、杂草等作诱饵，清晨前集中捕捉。

2. 化学防治

用四聚乙醛配成含有效成分 2.5% ~ 6.0% 的豆饼粉或玉米粉毒饵，傍晚施于田间诱杀。也可用 10% 四聚乙醛颗粒剂，每亩用 2 kg，撒于田间。

十二、圆跳虫

（一）症状

主要为害黄瓜幼苗子叶，取食叶肉，造成子叶穿孔或呈薄纸状（图 3-97）。也可为害真叶，造成真叶穿孔（图 3-98）。注意与苗期黑星病相区别，苗期黑星病穿孔一般较小，孔周围可有黄色晕圈（参见图 3-70、图 3-71）；圆跳虫为害穿孔较大，孔周围为白色薄纸状（图 3-99）。

图 3-97　幼苗群体受害表现，　　图 3-98　可造成子叶和真叶穿孔
子叶上布满白色病斑，呈薄纸状

（二）发生规律

主要在春季育苗时发生。成虫在土块下或落叶中越冬。气温 17~22 ℃，地温 22~30 ℃，温度过高、过低时，虫量明显减少。该虫喜欢湿度适中的环境条件，干燥或多雨均不利于其发生，大风也影响其活动。

图 3-99 圆跳虫外形（红圈内）
及病斑放大，受害部分呈薄纸状或穿孔

（三）防治方法

1. 农业防治

为害重的瓜田要及时进行秋翻地，减少虫源。

2. 化学防治

发现虫害时，喷施 90% 晶体敌百虫 700 倍液，或 5% 顺式氰
戊菊酯乳油 3000 倍液，或 2.5% 溴氰菊酯乳油 2500 倍液。

十三、甜菜夜蛾

（一）症状

黄瓜幼苗容易被甜菜夜蛾为害。可在叶片上看到外覆白色绒
毛的卵块（图 3-100）。以幼虫为害，老熟幼虫体长约 22 mm
（图 3-101），体色多变。初期幼虫在叶背面吐丝结网聚集，在网
内取食叶肉，留下表皮，形成透明的"小天窗"（图 3-102）。3
龄以上幼虫取食叶肉，可造成叶片穿孔（图 3-103）或缺刻。严
重时，将叶片食成网状，仅余叶脉和叶柄。3 龄以上幼虫还可为
害花器、嫩尖、果实等部位。

图 3-100　将卵（外覆白色绒毛）产在黄瓜子叶背面

图 3-101　甜菜夜蛾幼虫形态

图 3-102　初期幼虫取食叶片，形成仅留表皮的"小天窗"

图 3-103　后期幼虫取食叶肉，可造成叶片穿孔

（二）发生规律

由北向南每年发生 4~7 代，华东、华北地区每年发生 4~5 代，热带和亚热带地区全年发生繁殖。以蛹在土室内越冬。越冬蛹发育最低温度为 10 ℃。成虫发育、活动最适温度 20~23 ℃，有趋光性、假死性，昼伏夜出。幼虫发育历时 11~39 d。老熟幼虫入土吐丝筑室化蛹。蛹历时 7~11 d。

（三）防治方法

1. 农业防治

秋冬季深翻土地，消灭越冬蛹，减少田间虫源；春季清除田间及附近杂草，消灭部分初龄幼虫。

2. 物理防治

采用灯光诱捕器或性诱剂早期诱杀成虫。

3. 化学防治

宜在清晨或傍晚进行。3 龄前可喷施 3% 啶虫脒乳油 1000～2000 倍液，或 10% 醚菊酯悬浮剂 1500～2000 倍液。3 龄后可喷施 24% 甲氧虫酰肼悬浮剂 1500～2000 倍液，或 10% 溴虫腈悬浮剂（除尽）1200～1500 倍液。

第四章 露地春茬黄瓜绿色栽培技术

❀ 第一节 定植前的管理

一、品种选择

首先要选择耐热抗病品种，要求品种抗霜霉病、白粉病等多种病害。其次产量要高，具有一定的早熟丰产性；品种的商品性要好，符合市场的需求。可选择中农 8 号、津优 409、中农 16号、绿园 30、绿园 4 号、绿剑、吉杂 17 号、龙园翼剑、津春 5号等品种。

二、栽培季节确定

我国幅员辽阔，南北方温度差别明显，春黄瓜播期不同：北方播种较晚，南方播种较早；高海拔地区播种晚，平原地区播种早。北方地区或高海拔地区冬季寒冷，必须在终霜后地温在 12 ℃以上时定植或直播。我国各地露地春茬黄瓜栽培季节见表 4-1。

表4-1　各地露地春茬黄瓜栽培季节

代表地区	播种期	定植期	收获期
拉萨	5月上旬	6月中旬	7月上中旬
西宁	5月初	6月上旬	7月上旬
呼和浩特、哈尔滨	4月中下旬	5月底	6月中下旬
乌鲁木齐、长春	4月中下旬	5月中旬	6月中下旬
沈阳、兰州、银川、太原	3月底、4月初	5月中旬	6月上中旬
北京、天津、石家庄、西安	3月中旬	4月下旬	5月中下旬
昆明、郑州、济南	3月上中旬	4月中旬	5月上旬
上海、南京、合肥	2月下旬、3月上旬	4月上中旬	4月中下旬
武汉、杭州	2月中下旬	3月下旬	4月中旬
长沙、成都、贵阳	2月上中旬	3月中旬	4月上中旬
南昌	1月下旬至2月上旬	3月上旬	3月下旬、4月上旬
福州	1月上中旬	2月中旬	3月上中旬
广州、南宁	12月下旬至1月上旬	2月上旬	3月上旬

资料来源：陶正平. 黄瓜栽培实用技术大全 [M]. 北京：中国农业出版社，1995.

三、育苗

为了提前收获，露地春茬黄瓜一般采用保护地育苗，终霜后定植。

（一）育苗设施

日光温室、塑料大棚、阳畦等均可作为露地春茬黄瓜育苗场所。

（二）育苗方式

可以选用营养钵、纸筒、营养土切块或穴盘等育苗容器育苗。种子可以直接播在营养钵等育苗容器内，也可先播种在育苗盘中，再分苗到育苗容器中。种子先经过消毒、浸种、催芽处理后，当芽长 1~2 mm 时播种。若采用分苗方式，应该在幼苗子叶展平、真叶刚露心时进行分苗。

（三）播种方法

播种前浇足底水，湿润至深 10 cm。当种子 70% 破嘴（种皮一端张开，种子芽即将从该处冒出）时，将种子均匀播撒于苗床，或直接播到营养钵与穴盘中，然后覆盖消毒后的营养土 1.0~1.5 cm，上面覆盖白色透明地膜，四周用土封好。当 70% 幼苗顶土时，撤除床面覆盖物。

四、定植前的准备

黄瓜忌连作，宜选用 3~5 年未种过瓜类蔬菜的疏松、肥沃的壤土地块。地块要求能灌能排，附近有水源和修好的排水沟。在耙地前每亩施入 5000~7500 kg 腐熟有机肥作基肥。旋耕后起垄（图 4-1）或做畦。一般垄宽 60 cm，畦宽 1.2 m。定植前，在垄上或畦上开定植沟，或定植埯。沟或埯内施用少量复合肥，一般每亩可施用复合肥 30~40 kg，上盖少量土壤，防止肥与幼苗根系直接接触。采用地膜覆盖可以起到提高地温、抑制杂草、防止浇水后土壤表层板结等作用。露地春黄瓜栽培地膜覆盖可

图 4-1　起垄

以在定植前进行，然后用打眼器（图 4-2）打出定植穴；也可在

定植后覆盖地膜。定植前覆膜可以使膜面平整、紧实，但定植水灌溉得较少；定植后覆膜不容易平整、紧实，但定植水可以浇得较充足。每畦子或每两条垄可以覆盖一块地膜（图4-3）。使用黑色地膜能有效抑制杂草生长；温度较低的地区可以使用白膜，能更好地提升地温；虫害较重的地区可以使用银灰膜驱避蚜虫危害。覆膜后，可以使用打眼器打定植孔（图4-4）。如果是穴盘苗，也可以使用栽苗器（图4-5）一次完成刨埯、栽苗、封埯三个步骤。使用时，握住栽苗器的握手，把穴盘苗扔进栽苗器的入苗口，然后把栽苗器插入垄台（或畦面），拉紧放苗柄，苗就进入土中，这时提起栽苗器，苗就被栽到地里了。这种方法比较省工，栽苗速度快。

图4-2 打眼器

图4-3 覆膜

图4-4 打定植孔

图4-5 穴盘苗栽苗器

❀ 第二节　定植

一、定植期的确定

终霜期后，10 cm 土层地温稳定在 12 ℃时进行定植，定植要选寒尾暖头、预计 2~3 d 天气晴朗的时期进行。

二、定植密度

根据品种特征、生长期长短、土壤肥力等情况，确定定植密度。开张角度大、中晚熟品种、主侧蔓结瓜、长季节栽培的密度要适当小一些，可每亩种植 3000~3500 株；开张角度小、早熟品种、主蔓结瓜为主、采收期较短的密度要适当大一些，可每亩种植 3500~4200 株。

三、定植方法

定植时，可先浇水再栽苗，也可先栽苗再浇水（图 4-6）。有滴灌系统的，可以先栽好苗，用滴灌管来浇定植水，但这种方式会使地温降低明显，因此要在温度较高时使用。定植水要灌溉充足，待水渗下后封沟或封埯（图 4-7）。封埯要用细土，不能用硬土块。子叶不能埋到土里，要把地膜口盖严。封好后，要求土面和地膜相平，子叶露出地面。

图 4-6 栽苗后浇水　　　　图 4-7 封埯

❀ 第三节　定植后的管理

定植后要促进秧苗早缓快发，调节植株营养生长和生殖生长，促进两者的平衡，要做好肥水管理、植株调整、采收等各方面的工作。

一、肥水管理

缓苗期的管理以提高地温、促进新根发生和生长为主，此期一般不浇水，以松土保墒为主。中耕时，近根处要浅，远根处可深些，不要碰动幼苗的土坨。当幼苗生长点有嫩叶发生、真叶明显变大（图 4-8）时，表明已缓苗，可浇一次缓苗水。缓苗水量不宜过大，过大将明显降低地温，不利于缓苗。

图 4-8 缓苗后的幼苗

缓苗后到根瓜坐住前，以控水为主，蹲苗约 2 周，控制浇水，多中耕松土。但控苗不可过度，比如土壤沙质、光照充足、通过长相判断幼苗确实缺水时，可以轻浇一次水，然后松土蹲苗。

黄瓜根瓜坐住后，大多数瓜把颜色变深时，应浇开园水，同时追肥，可以选用腐熟的有机肥或可以做追肥的化肥。

初花期，瓜秧尚小，温度不太高，蒸腾量也不大，浇水不宜过勤，一般6~7 d浇一次水。

采收盛期，外界气温逐渐升高，营养生长和生殖生长速度不断加快，肥水的吸收量也不断加大，管理上应以促为主。此期应加大肥水，可1~2 d浇一次水，甚至每天浇水。浇水应该在晴天早晨进行，浇水量不宜过大，要小水勤浇，不宜大水漫灌。追肥结合灌水进行，每浇2~3次水需随水追施一次，化肥和有机肥交替使用。化肥宜选用速效肥，施用量不宜过大，每次每亩可施尿素8~10 kg或磷酸氢铵20 kg；有机肥应选用充分腐熟的、养分含量较高的肥料，如腐熟的鸡粪、人粪等。

二、植株调整

为了防止幼苗植株被风刮断，定植后应立即开始支架。在风较小的地区，可采用人字架，即每株幼苗使用1根架材，4根架材为一组，上部捆绑在一起（图4-9）；在风较大的地区，要采用花架，架材间互相交叉相连，4根架材为一组，上部捆绑在一起，架头和架尾用6根竹竿为一组进行加固。支架时，架材插入土壤的位置要离幼苗7~8 cm远，避免伤根。支架后，当植株生长到能够靠在架材上时，要及时绑蔓，防止植株被风吹断、伤根等。以后每隔3~4节茎蔓绑蔓1次。同时摘除卷须，摘除下部侧枝，中上部侧枝见瓜后留2~3片叶摘心。主蔓爬到架顶时打顶，促进结回头瓜。及时摘除下部老叶、病叶，以利于通风透光、减少养分消耗和减轻病害。

图 4-9 插架

三、采收

一般露地春黄瓜栽培从定植到采收需 30 d 左右。采收早晚和品种、幼苗质量、气候及土壤条件、管理水平等密切相关。

根瓜要尽量提早采收，以防坠秧，腰瓜和回头瓜要求瓜条达到销售要求时进行采收。采收时，还要结合市场需求、植株长势状况、上部雌花数量等情况。市场行情好时可以尽量多采；植株雌花较多、营养生长较弱，应该提前采收；营养生长过旺，应该适当晚采，抑制植株的营养生长。

采收前期一般每 2~3 d 采收一次，采收盛期每天采收一次。采收应在早晨进行，此时采收的瓜条含水量高，适宜运输与销售。

✿ 第四节 主要病虫害防治

露地春黄瓜的主要病害有霜霉病、白粉病、细菌性角斑病等，主要虫害有瓜蚜、红叶螨、美洲斑潜蝇等。

一、霜霉病

霜霉病俗称"黑毛""跑马干",是黄瓜的一种普遍病害。在适宜条件下,发病迅速,危害很大。病原为古巴假霜霉 [*Pseudoperonospora cubensis* (Berk. et Curt.) Rostov.],属鞭毛菌亚门真菌。

（一）症状

苗期、成株期均可发病,主要为害叶片。苗期子叶发病,初期在子叶上出现褪绿点,逐渐形成枯黄不规则病斑,湿度大时,子叶背面形成灰黑色霉层。成株期发病,初期在叶缘（图4-10）及叶背面出现水浸状褪绿点（图4-11）,病斑很快扩展,1~2 d因扩展受到叶脉限制而形成多角形水浸状病斑,早晨湿度大时比较明显。1~2 d后水浸状病斑逐渐变成黄色、黄褐色至褐色,湿度大时叶片背面的病斑出现灰黑色霉层（图4-12）,初期黑色霉层多受叶脉限制。病重时叶片布满病斑,致使叶缘卷缩干枯,最后叶片枯黄而死,植株提前拉秧。品种抗病性不同,症状有所不同,感病品种常表现出以上的典型症状（图4-13）;而抗病品种发病时,叶片褪绿斑扩展缓慢,病斑较小,病斑呈多角形甚至圆形,病斑背面的霉层稀疏或没有,病情发展较慢,很少造成提早拉秧。

（二）发病规律

病菌在北方主要在温室内越冬,在南方可常年发生并借气流、雨水向四周传播蔓延,从气孔侵入。发病的适宜温度为15~22 ℃,空气相对湿度在85%以上时利于发病,可见病菌喜温湿的环境条件。昼夜温差大、高湿、叶片结露时间长、植株长势弱的条件下,发病早而重。

图 4-10　霜霉病多从叶缘开始发生　　　图 4-11　霜霉病叶背面出现水浸状
病斑，病斑扩展，受叶脉限制
呈多角形（红圈内的病斑）

图 4-12　湿度大时，叶片背面　　　图 4-13　感病品种
有黑毛发生（灰黑色霉层）　　　病斑大、连成片

（三）防治方法

1. 农业防治

选用抗病品种，露地栽培可选用津园 5 号、中农 16 号、绿园
4 号等，塑料大棚栽培可选用津优 1 号、中农 12 号等，日光温室
栽培可选用津优 35、中农 13 号等品种；及时清除枯枝败叶，将
其烧毁或掩埋。

2. 营养防治

定期进行根外追肥，提高植株体内一些营养物质含量，可以起到预防与控制病害发生的作用。可用尿素 0.2 kg 加糖 0.5 kg 加水 50 kg 配制成溶液，在生长盛期每 5 d 喷施 1 次，连用 4~5 次。或用 0.2%磷酸二氢钾溶液喷施叶面，每 7 d 喷 1 次，连用 3~5 次。

3. 生物防治

发病前和刚刚发病时，喷施 2%嘧啶核苷类抗生素水剂 200 倍液。

4. 化学防治

发病初，可选用 25%甲霜灵可湿性粉剂 500 倍液，或 75%百菌清可湿性粉剂 500 倍液，或 64%噁霜·锰锌可湿性粉剂 400 倍液喷施。发病较重时，可用 72%霜脲·锰锌可湿性粉剂 600~800 倍液，或 72.2%霜霉威水剂 600~800 倍液，或 60%氟吗·锰锌可湿性粉剂 500~1000 倍液喷施。上述农药要交替使用，每 6~7 d 喷 1 次，连用 3~4 次。

二、白粉病

白粉病俗称"白毛"，是黄瓜的一种常见病，一般在生长后期或秋茬黄瓜发生严重。病原为白粉菌属二孢白粉菌（*Erysiphe cichoracearum* DC.）和单丝壳菌属单丝壳白粉菌［*Sphaerotheca fuliginea*（Schl.）Poll.］，属子囊菌亚门的真菌。

（一）症状

白粉病一般先从下部叶片开始发病，逐渐向上发展（图 4-14）。该病可以为害黄瓜的叶片、叶柄及茎，但以叶面为主。

叶片染病，首先在叶面形成近圆形白色小粉斑（图 4-15），细看由白色霉状物组成，小病斑逐渐向外缘扩展，形成无一定边缘的大白粉斑。严重时，病斑连片，整个叶片布满白粉（图 4-16），叶片背面也可被感染而形成病斑（图 4-17）。发病后期，

图 4-14　下部叶片先发病

图 4-15　白粉病初期病叶症状

图 4-16　严重时，病斑连片，
叶面布满白粉

图 4-17　叶片背面白粉病症状

白粉斑上长出黑褐色小斑点，最后叶片黄化、干枯（图 4-18）。要注意区别白粉病病斑与打药形成的药斑，药斑一般无突起、无白毛（图 4-19）。

叶柄受害，在叶柄上形成近圆形病斑，当叶柄上的霉斑环绕叶柄一周后，叶片变黄枯死。

茎部受害症状与叶柄相似（图 4-20），严重时，砧木南瓜及黄瓜茎上都布满白粉（图 4-21）。

品种抗病性不同，白粉病症状表现也明显不同。抗病品种病斑少，粉层稀疏；感病品种则相反。

图4-18　严重时，叶片黄化、干枯　　**图4-19　外观与白粉病类似的药斑**

图4-20　茎蔓被侵染初期症状　　**图4-21　严重时，砧木南瓜及黄瓜茎上布满白粉**

（二）发病规律

病菌在土壤中的病残体或黄瓜植株上越冬，靠气流、雨水和灌溉水传播。在高温高湿或干旱条件下容易发病，易发病温度为20~25 ℃、空气相对湿度为25%~80%，但在空气相对湿度为90%~95%时，最容易发病，且发病较重。

（三）防治方法

1. 农业防治

选用抗病品种，露地栽培可选用津园 5 号、中农 16 号、绿园 4 号等，保护地栽培可选用津优 1 号、津优 3 号等；育苗和栽培场所要消毒处理，避免重茬；加强栽培管理，增施磷、钾肥，注意通风透光。

2. 生物防治

发病初期，可用 2% 武夷霉素水剂 200 倍液或 2% 嘧啶核苷类抗生素水剂 200 倍液，每 7 d 喷 1 次，连用 2~3 次。

3. 物理防治

喷施 27% 高脂膜乳剂 100 倍液，使叶片表面形成一层分子膜，造成缺氧的环境，使白粉病病菌死亡，每 6 d 喷 1 次，连用 3~4 次。

4. 生态防治

可喷施 2% 碳酸氢钠 500 倍液，使叶片表面呈偏碱性，从而抑制喜酸性的白粉病病菌生长。每 3 d 喷 1 次，连喷 5~6 次。同时，喷施碳酸氢钠后能分解放出二氧化碳，可促进光合作用。

5. 化学防治

白粉病发生前及初发期宜棚室用 45% 百菌清烟剂 150~200 g 熏棚，可起到预防与治疗作用。白粉病发生期间，可用 30% 氟菌唑可湿性粉剂 1500~2000 倍液，或 50% 硫黄胶悬剂 300 倍液，或 40% 多硫悬浮剂 500 倍液，或 25% 三唑酮可湿性粉剂 2000 倍液。发病较重时，可用 40% 氟硅唑乳油 4000 倍液喷施，或 10% 苯醚甲环唑水分散颗粒剂每亩用量 50 g 进行喷雾，或选用 25% 乙嘧酚悬浮剂 1000 倍液喷施。以上药剂每 7 d 喷 1 次，连用 2 次，不同农药交替使用。

三、细菌性角斑病

细菌性角斑病在保护地和露地均可发生，可造成黄瓜减产甚至绝收，是黄瓜的一种主要病害。病原为丁香假单胞杆菌黄瓜角斑病致病型 [*Pseudomonas syringae* pv. *lachrymans* （Smith et Bryan.） Yong, Dye & Wilkie.]，属细菌。

（一）症状

幼苗期到成株期均可染病，主要为害叶片，还可侵染茎、叶柄、卷须、果实、种子等。

真叶染病，先出现针尖大小水浸状褪绿斑点，病斑不断扩大，受叶脉限制，病斑呈多角状（图4-22、图4-23），黄褐色或黄白色。湿度大时，叶背病斑处可见乳白色菌脓（图4-24），即细菌液；干燥时，菌脓呈白色薄膜或白色粉末，病部质脆易穿孔（图4-22）。

图4-22 病斑呈多角状，后期易穿孔　　图4-23 叶背面病斑表现

茎、叶柄染病，先形成水浸状小点，然后沿茎沟方向形成条形病斑，病斑凹陷，严重时开裂，湿度大时，病部有菌脓产生，

图4-24 湿度大时，会有乳白色菌脓
（红圈内）

菌脓沿茎沟向下流，形成一条白色痕迹。

卷须染病，严重时病部腐烂，卷须折断。

果实染病，初期出现水浸状斑点，斑点圆形略凹陷，扩展后在果实表面形成不规则或连片的病斑，在果实内部维管束附近的果肉变成褐色，后期湿度大时，病部产生大量菌脓，呈水珠状，果实软腐并有异味。

病菌还可以侵入种子，使种子带菌。

（二）发病规律

病菌在土壤中、病残体或种子上越冬，成为翌年初侵染源。病菌借助雨水、灌溉水或农事操作传播，通过气孔、水孔及伤口侵入植株。种子带菌可远距离传播。发病的适宜温度为24～28 ℃，最高39 ℃，最低4 ℃，空气相对湿度80%以上、叶面有水膜时极易发病，属于低温高湿病害，昼夜温差大、结露时间长发病较重。

（三）防治方法

1. 农业防治

选用抗病品种，如中农13号、绿园20等；与非瓜类作物实行2年以上轮作；选用无病种子或通过温汤浸种法对种子消毒；采用无病土育苗，培育无病壮苗；及时清除病残体，减少病原菌；加强管理，尽量避免出现高湿环境，可采用地膜覆盖、及时通风等方法降低湿度。

2. 生物防治

播种前用90%新植霉素可溶性粉剂3000倍液浸种2 h，用清水洗净后催芽。发病后可用72%硫酸链霉素可溶性粉剂4000倍液，或90%新植霉素可湿性粉剂4000倍液喷施，每7~10 d喷1次，连用3~4次。

3. 物理防治

晾干的种子置于70 ℃温箱干热消毒72 h。

4. 化学防治

发病时，要及时喷药防治，常用的药剂有50%琥胶肥酸铜可湿性粉剂500倍液、60%琥·乙磷铝可湿性粉剂500倍液、58%甲霜灵可湿性粉剂500倍液、77%氢氧化铜可湿性微粒剂600~700倍液，以上农药要交替使用，每7~10 d喷1次，连用3~4次。如果棚室湿度大，可用5%春雷·王铜粉尘剂喷撒，每亩每次用药1 kg，在早晚密闭的棚室使用。比较新型的农药有噻菌铜、噻唑锌等。噻菌铜对细菌性病害有较好的防效，具有内吸、治疗和保护作用，持效期长，药效稳定，对作物安全，防治时可用20%噻菌铜300倍配液喷雾。噻唑锌防治效果也较好，防治时每亩可用100~125 mL 20%噻唑锌悬浮剂喷雾。

四、机械损伤

露地生产经常遇到大风，会导致一些机械损伤。

（一）症状

植株的某个部位形成与障碍物形状相近的褪绿斑（图4-25，图4-26）。与真菌病害相比，病斑上无毛，边界清晰，旁边可找到障碍物。

图 4-25　叶片与架材接触形成　　　　图 4-26　瓜把（红圈内）
　　　　白色条斑　　　　　　　　　　　与架材摩擦形成白色条斑

（二）病因

叶片附近有架材、地面、绑绳等物体，在风、农事操作的作用下，植株某些部位与这些物体擦碰，最终导致叶片受损。

（三）防治方法

机械损伤本身对生产危害较小，但不要误诊为真菌病害。

五、瓜蚜

瓜蚜是露地黄瓜的主要虫害。

（一）症状

以成虫和若虫在嫩茎、嫩尖、叶背上（图 4-27）吸食汁液为害，严重时，植株表面布满瓜蚜。也可为害花器、卷须等部位（图 4-28）。植株嫩叶及嫩尖被害后，叶片卷缩，植株生长停滞（图 4-29），严重时整株枯死。老叶被害严重时，可导致叶片干枯死亡，造成减产。瓜蚜还能传播病毒病、煤污病等病害。也可为害果实（图 4-30），导致果实发黏变色，失去商品价值。蚂蚁喜欢吸食瓜蚜的蜜露并放养瓜蚜（图 4-31），如果发现植株上有蚂蚁，一定要查看是否有瓜蚜。

图 4-27　瓜蚜多在叶背为害

图 4-28　为害花器、卷须等部位

图 4-29　为害嫩尖造成叶片卷缩，
　　　　　植株生长停滞

图 4-30　瓜蚜为害果实

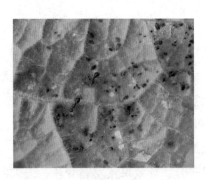

图 4-31　蚂蚁为了吸食瓜蚜蜜露
　　　　　而放养蚜虫

（二）发生规律

生长繁殖的适宜温度为 16~22 ℃，温度低于 6 ℃或高于 27 ℃，相对湿度达 75%以上，均不利于瓜蚜的生长与繁殖。露地生产，在干旱少雨、温度较高的年份，瓜蚜为害较重；相反，在雨水较多的年份，瓜蚜为害较轻。

（三）防治方法

农业防治、生物防治、物理防治及化学防治等参考第三章相关内容。

此外，可铺设银灰地膜驱避瓜蚜（图 4-32）。

六、瓜佬

（一）症状

雌花子房短粗（图 4-33），形成的果实近球形，外形似香瓜（图 4-34），有的果实短粗（图 4-35），一般果脐较大。

图 4-32　铺设银灰地膜驱避瓜蚜

图 4-33　雌花子房短粗

图 4-34　果实外形似香瓜，果脐大

图4-35 短粗的果实，果脐较大

（二）病因

瓜佬是由两性花（一朵花里既有雄蕊也有雌蕊）发育而成的。两性花的形成主要受环境条件影响，若花芽分化时处在低温短日照条件下，一般容易形成雌花；若处在高温长日照条件下，则容易形成雄花。在偶然条件下，同一花芽的雌蕊原基和雄蕊原基都得到发育，就形成了两性花。两性花和遗传也有关，有些品系大多数或全部花朵均为两性花。

（三）防治方法

花芽分化时要严格管理，白天温度保持在25~30 ℃，夜间温度保持在10~15 ℃，保证8 h光照条件，相对湿度保持在70%~80%，土壤湿润。花芽分化时的环境条件适宜有利于形成雌花。

发现完全花要及时清除。

不使用容易出现两性花的品种。

七、空心瓜

（一）症状

一部分果实心腔变空，无组织（图4-36、图4-37）。这样的果实一般含水量较少，风味欠佳。

图4-36 空心果横切性状　　　图4-37 空心果纵切性状

（二）病因

与气候、栽培及品种因素均有关。持续高温、植株瘦弱、根系受损、叶片功能受损、夜温过高造成黄瓜徒长等都能导致养分累积不足，从而形成空心瓜。持续高温，植株蒸腾量加大，水分缺乏，土壤干燥也是空心的主要原因。雌花授粉不完全，受精后干物质合成量少，营养物质分配不均匀，会形成空心瓜。营养不良（缺硼、缺钾）及病虫为害等也会形成空心瓜。空心和品种有一定关系，一般果实横径较大的品种（图4-38），比如一些短粗的华南型黄瓜容易空心。

图4-38 短粗的黄瓜容易空心

（三）防治方法

注意温度调控，避免温度持续达35 ℃以上（高温）。

进入开花结果期后，加强肥水供给，满足黄瓜生长发育需求。尤其高温强光季节，要加大浇水量并注意保持土壤湿润。结果期，要增加钾、硼的供给，可以叶面追施钾、硼肥。

第五章 露地夏秋茬黄瓜绿色栽培技术

夏秋茬黄瓜栽培时期正处于盛夏与秋季，前期高温，后期低温，与黄瓜生育前期需要较低温度、后期需要较高温度的要求相反。同时，暴雨、冰雹和各种病虫害多发，一般产量不高。露地夏秋茬栽培黄瓜采收期正值黄瓜供应淡季，春季保护地和露地黄瓜已经拉秧，而秋季塑料大棚黄瓜尚未上市。所以露地夏秋茬黄瓜栽培对满足 8 月、9 月黄瓜供应需求起到一定的作用。

❀ 第一节 播种前的准备

一、品种选择

要选择耐热抗病品种，要求品种抗霜霉病、白粉病、病毒病、细菌性角斑病等多种病害。同时，品种的商品性要好，最好性型分化受温度、日照影响较小，秋季栽培选择具有较低第一雌花节位及较高雌花节率的品种。可选择津优 40、津优 4 号、园丰元 6、吉杂 17 号、津优 409、中农 8 号、绿园 4 号等品种。

二、栽培季节确定

在有霜地区，一般在初霜前 80~100 d 播种，45~55 d 后采收，至初霜拉秧；在无霜或少霜地区，多秋季播种，冬季收获。

三、播种前的准备

（一）选地

宜选用 3~5 年未种过瓜类蔬菜的疏松、肥沃的壤土地块。地块要求能灌能排，附近有水源和修好的排水沟。最好前茬为葱、蒜、豆类等。

（二）施肥整地

每亩施用 5000~6000 kg 腐熟有机肥作基肥，在耙地前施入。旋耕不宜过深，否则容易积水，深度以 15~16 cm 为宜。后起垄或做畦。一般垄宽 60 cm，畦宽 1.2 m。定植前，在垄上或畦上开定植沟或定植埯。沟或埯内施用少量复合肥，一般每亩可施用复合肥 20~30 kg，上盖少量土壤，防止肥与根系直接接触。

❀ 第二节　播种与播种后管理、采收

一、播种

一般直播可以干籽直播，每埯播种 4~6 粒；也可催芽后播种，每埯播种 2~3 粒。一般每亩保苗 4500 株左右。

二、播种后管理

夏秋黄瓜水分管理不像春黄瓜那样要蹲苗到根瓜坐住才浇开园水，由于高温强光，只能适当控水，在采收前，要保持畦面见干见湿。浇水要在早晚进行，浇水既可满足植株对水分的需求，也可起到降温的作用，每次浇水量不宜过多。采收前期，要增加浇水次数，一般 3~5 d 浇一次水，但不可大水漫灌。采收期，增

加浇水次数，并每 2~3 次浇水需随水追施一次。每亩可追施磷酸二氢钾 10~15 kg 或尿素 5~10 kg，也可选用各种复合冲施肥。秋茬黄瓜采收后期，天气渐冷，生长缓慢，此时灌水次数减少，也不需追肥。

三、采收

夏秋黄瓜生育期较短，采收比较集中，采收频率较高，结果盛期应该每天清晨采收。采收后期，天气逐渐变冷，瓜条生长缓慢，每 3~4 d 采收一次。在霜冻时拉秧，霜冻前完成最后一次采收。

❀ 第三节 主要病虫害防治

夏秋黄瓜病虫害较多。病害主要有霜霉病、白粉病、病毒病、细菌性角斑病等，虫害主要有瓜蚜、美洲斑潜蝇、红叶螨等。主要病虫害防治在第四章已做详细介绍，以下仅介绍病毒病防治。

病毒可以到达除生长点以外的任何部位，一般在夏秋季节容易发生。主要毒源是黄瓜花叶病毒和黄瓜绿斑驳花叶病毒。

一、症状

苗期和成株期均可发生，可为害叶片、茎蔓、果实等部位。

叶片发病，苗期染病子叶变黄枯萎，幼叶呈深绿与浅绿相间的花叶状，病叶出现不同程度的皱缩、畸形；成株期染病，心叶呈黄绿相间的花叶状，病叶皱缩变小，叶片变厚（图 5-1），严重时，叶片反卷。

茎部受害，导致节间缩短，茎蔓畸形，最后导致病株叶片枯萎。

瓜条受害，果面呈现深绿及浅绿相间的花色，凹凸不平，瓜条畸形（图5-2）。重病植株上部叶片皱缩变小，节间变短扭曲，不结瓜，最后植株萎缩枯死。

图5-1　心叶呈黄绿相间的　　　图5-2　果皮变花色、果面凸凹
花叶状，并皱缩变小　　　　　　不平、瓜条畸形

二、发病规律

（一）由黄瓜花叶病毒侵染引起的病毒病

病毒在多年生宿根植物（如芥菜、刺儿菜、芹菜等植物）的根上越冬，成为翌年初侵染源。病毒借助瓜蚜、白粉虱等传播。发病的适宜温度为20 ℃，气温高于25 ℃时表现隐性。

（二）由黄瓜绿斑驳花叶病毒侵染引起的病毒病

病毒在土中或种子上越冬，成为翌年初侵染源，经风雨或农事操作传播。该病在高温条件下发病较重。

三、防治方法

（一）农业防治

欧洲型黄瓜多不抗病毒病，应选用抗病品种，如津春3号、中农8号、绿园20等；采用护根育苗方法，减少伤根；农事操作时避免伤害植株，接触病株后及时用肥皂水冲洗手和工具；随时清除田间杂草，防治瓜蚜、白粉虱等传毒昆虫。

（二）物理防治

将晾干的种子置于 70 ℃温箱干热消毒 72 h。

（三）化学防治

种子消毒，用 10% 的磷酸三钠溶液浸种 20 min 后，清水冲洗 2~3 次后催芽。发现感病立即喷药防治，可喷施 20% 腐霉利悬浮剂 500 倍液，或 20% 吗胍·乙酸铜可湿性粉剂 600~700 倍液，或 38% 菇类蛋白多糖可湿性粉剂 600~700 倍液，或 10% 三氮唑核苷可湿性粉剂 800~1000 倍液。以上药剂要交替使用，每 6~10 d 喷 1 次，连用 4~5 次。

第六章 日光温室越冬茬黄瓜绿色栽培技术

日光温室越冬茬黄瓜生产是生育期跨越秋、冬、春、夏四个季节的一种长季节黄瓜栽培模式。一般在 9 月下旬至 11 月初播种，11 月中下旬至 12 月中下旬定植，春节前或春节期间开始供应市场，供应期达 5 个月以上，经济效益显著。

辽宁南部、西部地区及辽宁以南地区优型日光温室，可以不加温进行冬春茬黄瓜生产，辽宁北部及辽宁以北地区可在加温条件下进行冬春茬温室黄瓜生产。日光温室结构要符合优型日光温室的标准，棚膜要选用抗老化无滴膜，上有草帘、纸被或保温被等各种保温设施。

第一节 定植前的管理

一、品种选择

冬春茬黄瓜生产生育期长，有的地区苗期温度还很高，定植后经过漫长的低温短日照季节，然后温度逐渐升高。选择耐低温、耐弱光、主蔓结瓜为主、雌花节率高、不易早衰、抗病性好的品种。可选择津优 315、津优 316、津优 35、中农 26 号等品种。

二、育苗

（一）播种期

从 9 月下旬至 11 月初，从南到北逐渐开始播种。具体要根据当地气候条件、温室条件、市场需求等确定。

（二）育苗场所的准备

在日光温室没有山墙遮光处设立苗床，进行育苗。育苗期温度较低的地区可以在上方搭建小拱棚保温。

（三）苗床管理

1. 嫁接及苗期管理

此茬黄瓜生育期长，为了提高产量和抗性，一般采用嫁接育苗。具体可参见第三章相关内容。

2. 促雌处理

如果选用的品种雌花节率较低，在苗期要用乙烯利等药剂进行促雌处理，增加植株雌花数，获得较高产量。当幼苗展开 2~3 片真叶时，喷施 0.1~0.2 mg/L 乙烯利溶液（40% 乙烯利 1mL 兑水 2~4 kg），5~7 d 后再喷 1 次；如果品种是雌型品种，无须处理。

三、施肥、整地、覆膜

冬春茬温室黄瓜生育期长，需要充足的土壤肥力，才能获得丰产。一般每亩施腐熟的有机肥 8000~10000 kg，化肥磷酸二铵 40~60 kg、过磷酸钙 10~20 kg 作基肥。有机肥 2/3 撒施，深翻整平，1/3 的有机肥及化肥可以深施于定植沟底。按照施肥量和种类，在栽培区施足基肥（图 6-1），喷一遍水来增加土壤湿度，然后深翻整平。

图6-1　旋耕前施足基肥并喷一遍水

温室内可使用小型农机旋耕（图6-2），可大幅度节省劳动时间、减轻劳动强度、提高整地质量。旋耕后耙平，然后做成单垄、双高垄或高畦。单垄和高畦适合用有滴灌设施的温室。单垄栽培（图6-3），垄距70~90 cm，每垄设1根滴灌管，定植后覆盖地膜（图6-4），可以用地膜将整个垄面及垄间过道覆盖。双高垄栽培（图6-5），垄高15 cm，大垄距70~80 cm，小垄距40~50 cm，两个小垄上覆盖地膜，浇水在地膜下进行。高畦栽培，畦高10 cm，大行70~80 cm，小行40~50 cm，将距离近的两垄内施足肥料，然后合垄成畦，每畦设1根滴灌管，可以先盖地膜，再打定植穴，也可以栽苗后覆盖地膜。

图6-2　小型农机旋耕

图6-3　单垄与滴灌管铺设

图 6-4　单垄覆盖地膜　　　　　图 6-5　双高垄覆膜

　　黑色地膜（图 6-6）能够有效防止杂草生长，减少除草用工量，一般在不需要升温的夏秋季节使用。白色地膜增温效果较好，但膜下容易生长杂草，一般在对温度要求较高的冬春季节使用。除了常用的黑色、白色地膜以外，还有用来驱避蚜虫的银灰色地膜，可以在蚜虫发生严重的地方使用。光降解膜可在使用一段时间后自动降解，防止地膜残留在土壤中造成环境污染。切口膜按照株距预留切口，使用时，将秧苗从切口处引出，可在先栽苗后覆膜时使用。覆膜前要做好膜下水沟，水沟要求沟底水平，并踩实。水沟处可用竹片或树枝拱起，在结果盛期更有利于灌水。如果采用滴灌，要在覆膜前铺好滴灌管，并打开水阀，检查滴灌系统有无破损渗漏的地方。覆膜要求平整、紧实，边缘用土压实，防止灌水沟把地膜拱起（图 6-6）。覆好膜后在垄上按照一定株距打定植穴（打眼）（图 6-7）。

图 6-6　灌水沟把地膜拱起　　　　图 6-7　打眼

四、秧苗的锻炼

冬春季节定植的，要在定植前 7 d 对幼苗进行抗寒和抗旱锻炼。降低苗床温度，并控制浇水。如果条件允许，要把秧苗提前转到栽培场所，使其适应栽培场所环境条件，定植后能较快缓苗。

❀ 第二节　定植

一、定植时期

从南到北逐渐延后，一般在 11 月中下旬至 12 月中下旬定植。定植时，幼苗要具有 3~4 片叶，靠接法的嫁接苗已经断接穗根。保证 10 cm 土层的温度稳定在 12 ℃时再定植。要选寒尾暖头的晴天进行，最好保证定植后的 3~5 d 均为晴朗天气，以利于提高棚室温度，促进幼苗生根缓苗。最好在上午完成定植，利用下午日照增温、促缓苗。

二、定植方法

一般每亩栽培黄瓜 3000~3500 株。具体栽培密度要根据品种特征、生长期长短、土壤肥力等条件确定。开张角度大、中晚熟品种、主侧蔓结瓜、长季节栽培的密度要适当小一些，可每亩种植 3000~3500 株；开张角度小、早熟品种、强调前期产量、主蔓结瓜为主、采收期较短的密度要适当大一些，可每亩种植 3500~4500 株。

采用后覆盖地膜方式栽培的，可以开定植沟，在沟内按照 25~30 cm 株距摆苗，苗要处于一个水平面上，摆放稳当，在株间施用约 5 g 磷酸二铵，顺沟浇足定植水（图 6-8），水渗下后封埯。栽苗后或待缓苗后，覆盖好地膜（图 6-9）。

图 6-8　沟栽浇足定植水　　　　图 6-9　先定植后覆膜

采用先覆盖地膜方式栽培的，覆膜前要保证土壤具有一定的含水量，如果土壤过干，打孔时不易带出土壤，定植前一周左右覆好膜，前 1~2 d 打定植穴，在定植穴内每株施用约 5 g 磷酸二铵，上盖少量土壤，防止根系与肥料直接接触，摆好苗后浇水，也可以先浇水，水未渗下时栽苗。如果定植穴太小，可以等水渗下后，再浇水一次，栽好苗等水渗下后覆土封穴。

黄瓜栽苗深度以营养土坨上沿与地表面齐平为宜，栽苗过浅，根系位置较高，前期浇水不容易吸收；栽苗过深，地温偏低，不利于缓苗。

❀ 第三节　定植后的管理

一、缓苗期的管理

此期的重点是促进缓苗。

（一）温度管理

白天温度保持在 27~32 ℃，夜晚温度要高于 15 ℃，尽量保证气温在 15 ℃以上。如果定植时温度较低或遇到寒流，可增设小拱棚（图 6-10），在早上、傍晚及夜晚覆盖小拱棚，提高保温性能。还可以在室内挂天幕、温室底脚增设二层膜（图 6-11）保温。

图 6-10　增设小拱棚促进缓苗　　**图 6-11　温室底脚增设二层膜**

（二）水分管理

定植时，定植水充足，一般缓苗期不用浇水。如果定植后 3~5 d 发现水分不足，可以选择晴天上午浇一次缓苗水，水要浇透，以免频繁浇水、降低地温。

（三）光照管理

此时光照较弱，应尽量增加光照。应该选用抗老化无滴的新棚膜，棚膜要铺设紧平、及时清洁（图6-12）。

图6-12 棚膜铺盖紧实，利用风能吹动布条来清洁棚膜

二、抽蔓期的管理

缓苗后到根瓜收获前以促根控秧为主，防止植株徒长，促进根系发育。

（一）温度管理

适当加大昼夜温差，采用四段变温管理。9时至12时温度控制在25~28 ℃，13时至17时20~25 ℃，18时至24时15~18 ℃，0时至8时11~12 ℃。白天温室内温度超过30 ℃时开始放风，20 ℃时闭风，15 ℃时放草帘。

（二）肥水管理

根瓜膨大前一般不浇水施肥，通过蹲苗促进根系发育。一般当根瓜伸长、瓜柄颜色转绿时，开始浇水追肥。如果结瓜正常，植株不缺水，可以在根瓜采收后浇水追肥。如果植株缺水严重，应该提早浇水。否则肥水过早，会导致植株徒长疯秧；肥水过晚，会导致瓜坠秧。浇水要在晴天上午进行，膜下暗灌或滴灌，随水追肥。追肥可选用穴施磷酸二氢钾5~6 g，也可每亩施用腐熟的稀粪水或硝酸铵 15～20 kg。采用滴灌的，最好加装施肥器。以文丘里施肥器（图 6-13）最为常用，该施肥器与滴灌系统入口处的供水管控制阀门并联安装，使用时，将控制阀门关小，使控制阀门前后形成一定的压差，使水流经过安装文丘里施肥器的支管，利用水流通过支管产生的真空吸力，将肥料溶液从敞口的肥料桶中均匀地吸入滴灌系统进行施肥。园区成规模生产的可用大型施肥机（图 6-14）来实现整个园区的肥水一体化。

图 6-13　文丘里施肥器　　　　图 6-14　大型施肥机

（三）光照管理

此时光照较弱，应尽量增加光照，并且要及时清洁棚膜。

（四）其他管理

此期要及时吊蔓（图 6-15），去除砧木萌芽，去除黄瓜卷须、侧枝等。

图 6-15　温室吊蔓

三、结果期的管理

此期管理重点是加大肥水，促进营养生长和生殖生长的平衡，注意病虫害防治，争取早熟丰产。

（一）温湿度管理

保护地栽培要采用四段变温管理：8 时至 12 时温度控制在 28~30 ℃，13 时至 17 时 20~25 ℃，18 时至 24 时 16~19 ℃，0 时至 8 时 12~14 ℃。采收前期，外界温度尚低，宜放顶风。采收中后期，外界温度不断提高，要注意加大放风量，通过棚室中部、后部及顶部通风。外界最低温度高于 15 ℃时，可昼夜通风。

顶部通风可采用烟筒式（图 6-16），也可采用条带式（图 6-17）。烟筒式通风口可在降低棚内湿度的同时，较好地减少热量损失。冬春季节为了防止外界冷空气及雨、雪等直接侵袭黄瓜植株，可在条带式通风口下加装缓冲带（图 6-18）。冬春季节外界温度低，通风量较小，保护地容易出现高湿环境，引发病害。此时可以通过行走沟覆盖稻壳（图 6-19）的方法降低空气湿度，行走沟的稻壳可以吸收空气中的水分，降低空气湿度。拉秧后，稻壳还田还可以增加土壤中碳的含量，调整土壤碳氮比，改良土壤。

图 6-16 烟筒式通风口外部设置

图 6-17 顶部条带通风

图6-18　条带式通风口下设缓冲带　　图6-19　行走沟覆盖稻壳

冬季可在温室前屋面底部增设二层棚膜，提高温室底脚部的温度，减少病害发生。温室外除草帘保温外，还可在草帘下边加纸被增加保温性能，在最寒冷的天气，可以在前屋面立一行草帘，增加温室前部的保温性能（图6-20）。温室前底脚外部要设防寒沟。防寒沟上面可以铺一层旧棚膜加一层旧草帘保温（图6-21）。对于没有作业室的温室，应该在温室内临近入口处用塑料布隔出缓冲间（图6-22），或在温室外用骨架和塑料膜增设缓冲间（图6-23），或在通道处设置二道门（图6-24），减少热量损失。通过保温措施仍然不能满足温度要求的，则要通过加温设施增加棚室温度。常用的加温设施有火炉（图6-25）、热风炉（图6-26），短期加温还可用燃烧酒精、燃烧块（图6-27）及点蜡烛等方法，加温时一定要注意防火。

图6-20　立草帘保温　　　　图6-21　温室前过道铺棚膜
　　　　　　　　　　　　　　　　　　　与草帘保温

图 6-22 入口处
设缓冲间

图 6-23 缓冲间

图 6-24 棚室入口设二道门

图 6-25 火炉

图 6-26 热风炉

图 6-27 燃烧块

（二）肥水管理

2月前温度较低，要适当控制水分，每10~20 d浇一次水，清水和肥水交替进行；2月后，外界温度回升，植株生长旺盛，进入采收盛期，需肥水较多，一般每5~10 d浇一次水，清水和肥水交替进行。此时采用滴灌灌溉水肥量难以满足植株生育需求，可采用中间暗沟灌溉（图6-28）。追肥可根据植株情况、土壤特点等，选用尿素、磷酸二铵、硫酸钾、碳酸氢铵等肥料交替进行，每次每亩追肥10~15 kg。此期还要注意叶面肥和气肥的使用。叶面肥可选用0.2%磷酸二氢钾、0.2%尿素等专用叶面肥。气肥主要是施用二氧化碳气体（图6-29），早春温室施用二氧化碳可以显著提高黄瓜光合作用强度，同时对呼吸作用有抑制作用，从而有利于提高黄瓜产量。黄瓜施用二氧化碳后，光合速率提高，植株体内糖分积累增加，从而在一定程度上提高了黄瓜的抗病能力。增施二氧化碳还能使叶片和果实的光泽度变好，外观品质提高，同时维生素C的含量也大幅度提高，营养品质改善。

图6-28　膜下留灌水沟

图6-29　吊挂式二氧化碳气肥

（三）光照管理

随时清洁棚膜，增加透光率。在温室后墙张挂反光幕（图6-30），增加后部植株光照。必要时进行人工补光，每天揭草帘前后各补光1~2 h，光源可选用100~200 W的白炽灯、荧光灯或专用补光灯（图6-31），温室内每3~4 m间距吊挂一盏灯。随着外界温度不断升高，当最低气温超过8 ℃时，及时去除草帘等覆盖物，增加透光率。

图6-30　温室后墙张挂反光幕　　　　图6-31　补光灯

（四）植株调整

要及时绑蔓、落蔓、打卷须、打侧枝、去病叶老叶。用尼龙绳或塑料绳吊蔓，按照一定旋转方向呈S形绑蔓。吊蔓还可用专用的挂钩（图6-32）或塑料夹（图6-33），使用工具吊蔓可方便以后落蔓。当株高接近屋面时或高1.6~1.8 m时，进行落蔓，使龙头（植株顶端部分）始终离地面1.5~1.7 m（图6-34）。落蔓前3~7 d不宜浇水，以降低茎蔓的含水量，提高茎蔓韧性。落蔓时，先去掉要落下茎蔓部分的叶片（图6-35），再将没有叶片的茎蔓按一定方向整齐盘好（图6-36）。落蔓时，注意不要将茎蔓碰折、淹水。

图 6-32　专用挂钩吊蔓

图 6-33　塑料夹吊蔓

图 6-34　落蔓后使植株处于相同高度

图 6-35　打掉下部叶片

图 6-36　把茎蔓按一定方向盘好

（五）促进坐果

冬春季节光照弱、温度低，不利于果实膨大。通过人工授粉、熊蜂授粉或使用植物生长调节剂可以促进坐果，提高结果期的产量。人工授粉可在上午，选当天开放的雄花（呈金黄色，图6-37）给当天开放的雌花（呈金黄色，图6-38）或即将开放的雌

　　图6-37　当天开放的雄花　　　　图6-38　当天开放的雌花

花授粉。熊蜂授粉，每亩棚室放养熊蜂50只左右即可（图6-39）。目前使用最多的是植物生长调节剂，比如氯吡脲（又名吡效隆、施特优）、赤霉素等。使用方法：用100 mg/kg的赤霉素喷花并结合人工授粉。用50 mg/kg的0.1%氯吡脲涂抹即将开放的雌花花冠，并用颜料标记（图6-40），避免重复使用。蘸花后可使果实采收后顶端仍留有花冠（图6-41），果实看着非常鲜嫩。若雌花开花后再蘸花，则不会留有花冠。

图 6-39　放养熊蜂授粉

图 6-40　氯吡脲（加红颜料后）　　图 6-41　开花前蘸花使黄瓜顶部
　　　　蘸花　　　　　　　　　　　　保留花冠

（六）采收

根瓜要及时采收，防止坠秧。结瓜初期，每 2～3 d 采收一次，结瓜盛期，晴天每天采收，阴雨天每 2～3 d 采收一次。采收应在早晨进行，此时瓜条含水量高，肉质鲜嫩。摘瓜时，要轻拿轻放，不要碰掉花冠，不要漏采，及时摘掉畸形瓜。摘下的瓜整齐摆放在内裹塑料袋的纸箱内（图 6-42）。如果温室较长，可使用运输车节省人力。可在温室后坡处安装挂轨式运输车（图 6-43），或者在过道铺设轨道，使用铺轨式运输车（图 6-44），或者使用电动式运输车（图 6-45、图 6-46），运输大量物品，进一步节省人工。

图 6-42 采下的瓜整齐摆放
在内衬塑料袋的纸箱内

图 6-43 挂轨式运输车

图 6-44 铺轨式运输车

图 6-45 电动式运输车，可挂
多节车体

图 6-46 电动式运输车电源
及驱动部分

❁ 第四节　病虫害防治

前期注意防治霜霉病、黑星病、灰霉病、叶斑病、炭疽病、蔓枯病、疫病，后期注意防治白粉病、细菌性角斑病、霜霉病、菌核病、枯萎病、根结线虫病等病害。同时，要注意防治瓜蚜、温室白粉虱、潜叶蝇、红叶螨等虫害。

一、霜霉病

症状、发病规律及防治方法参见第四章相关内容。温室内利用密闭条件还可用以下方法进行防治。

（一）生态防治

白天把棚室气温控制在 28~32 ℃，温度超过 30 ℃开始放风；下午棚室气温下降到 20 ℃时闭风；夜间，气温在 13 ℃以上时可整夜放风，夜温 12 ℃以上时放风 3 h，夜温 11 ℃以上时放风 2 h，夜温 10 ℃以上时放风 1 h，要保证夜晚棚室温度低于 20 ℃再闭风。要防止棚室内出现 95%~100% 的空气相对湿度，避免叶片上产生水膜。除了要采用合理的通风换气措施外，还应合理浇水，防止浇水过勤、过多，应该采用膜下暗灌，有条件的要采用膜下滴灌、渗灌，浇水应在晴天上午进行。浇水后闭棚提温，然后通风排湿。具体控制指标见表 6-1。

表 6-1　温湿度控制防治霜霉病措施

时间	9 时至 12 时	13 时至 17 时	18 时至 24 时	0 时至 8 时
空气温度/℃	30~32	20~25	14~16	12~13
空气相对湿度	60%~70%	60%	80%~90%	90%
霜霉病	温湿度双限制	湿度单限制	温湿度交替限制	温度单限制

表6-1(续)

时间	9时至12时	13时至17时	18时至24时	0时至8时
黄瓜生长	适宜光合作用	适宜光合作用	保证光合产物正常运输	减少呼吸消耗

（二）物理防治

病情严重时，可采取高温闷棚的方法控制病情发展。闷棚前1 d，浇足水，摘掉发病严重的叶片，弯下接触到棚膜的瓜秧龙头。闷棚当天，要求天气晴朗，在 10 时左右密闭棚室，使气温上升到 44~46 ℃，持续 2 h，然后逐渐加大通风量，使温度恢复为常温。要严格控制温度和时间，温度计要挂在龙头的位置测量温度，温度不可超过 47 ℃。闷棚后加强肥水管理。

（三）化学防治

当棚室内湿度较大时，应使用粉尘剂或烟雾剂。粉尘剂可选用5%百菌清粉尘剂，在早晨或傍晚密闭棚室，每亩每次用 1 kg粉尘剂喷撒，根据病情每 8~10 d 喷 1 次，连喷 3~4 次，喷后 1 h打开通风口通风。现在有专用微粉药剂，配合专用弥粉机（图6-47）使用效果更好。烟雾剂可用45%百菌清烟剂，每亩用量 200~250 g，傍晚闭棚后点燃熏烟，7 d 熏 1 次，连续熏 3~5 次。

图 6-47 弥粉机与专用微粉药剂

二、黑星病

（一）症状

整个生育期都可发病。可为害除根部以外的任何部位，以幼嫩部位受害为主，对生长点、嫩叶、幼瓜危害严重，可造成"秃桩"、畸形瓜等，组织成熟后则不易侵染黑星病。

生长点及分枝顶点受害，龙头失绿呈黄白色，有时流胶，最后造成秃尖（图6-48），严重时，生长点附近均受害，造成茎、叶片扭曲变形（图6-49）。

图6-48　生长点受害，导致秃尖

图6-49　龙头部位叶片扭曲变形，真叶穿孔（红圈内）

叶片受害，初期产生褪绿斑点，近圆形，一般较小，后期病部中央脱落、穿孔，留下星纹状的边缘（图6-49）。黄瓜品种抗病性不同，黑星病在叶片上的症状表现也不同，抗病品种在侵染点处形成黄色小点，病斑不扩展；感病品种在叶片上形成较大枯斑，条件适宜时病斑扩展（图6-50）。

图 6-50　感病品种、叶片受害
严重时症状

图 6-51　茎蔓受害
形成梭形病斑

　　茎部及叶柄受害，病部先呈水浸状褪绿，有乳白色胶状物产生，后期病斑呈污绿或暗褐色，胶状物变成琥珀色，病斑沿茎沟扩展呈菱形或梭形（图 6-51），中间向下凹陷，病部表面粗糙，严重时从病部折断，湿度大时产生黑色霉层。

　　卷须受害，病部形成梭形病斑，黑灰色，最后卷须从病部烂掉。

图 6-52　果实流胶

图 6-53　果实形成褪绿凹陷斑

　　果实受害，如果环境条件适宜病菌生长繁殖，病菌不断扩展，病部凹陷，开裂并流胶（图 6-52），病部生长受到抑制，其他部位正常生长，造成果实畸形；如果环境条件不适宜病菌生长繁殖，病菌生长繁殖很慢，瓜条可以进行正常生长，待幼瓜长大后，组织成熟而不易被侵染，此时即使环境条件适合黑星病发生，也不会造成畸形瓜，只是病斑处褪绿、凹陷（图6-53），病部呈星状开裂并伴有流胶现象，湿度大时，病部可见黑色霉层。

（二）发病规律

发病规律见第三章相关内容。

（三）防治方法

防治方法见第三章相关内容。

三、叶斑病

叶斑病又称灰斑病。病原为瓜类尾孢（*Cercospora citrullina* Cooke），属真菌界半知菌类。

（一）症状

主要为害叶片，病斑呈褐色至灰褐色，圆形或椭圆形及不规则形，大小差异较大，病斑直径常达2~5 cm（图6-54），边界清晰或不十分明显，病部变薄（图6-55）。湿度小时，病斑干枯质脆（图6-56）；湿度大时，病部表面可生灰色霉层（图6-57）。后期病斑连成片，叶片干枯（图6-58）。

图6-54 较大的叶斑病病斑

图6-55 病斑多呈圆形，病部变薄

图 6-56　湿度小时，病斑干枯质脆

图 6-57　湿度大时，病部表面
可生灰色霉层

图 6-58　后期病斑连成片

（二）发生规律

病菌在种子上或病残体上越冬，翌年产生分生孢子，借气流及雨水传播，从气孔侵入，约一周后产生新的分生孢子进行再侵染。在多雨季节容易发生和流行。

（三）防治方法

1. 农业防治

选用无病种子，或用 2 年以上的陈年种子播种；采用温汤浸种法消灭种子的带病菌；实行与非瓜类蔬菜 2 年以上轮作。

2. 化学防治

发病初期，及时喷施 20% 噻菌酮悬浮剂 600 倍液或 40% 百菌清悬浮剂600倍液，每10 d喷1次，连用2~3次。保护地防治可用45%百菌清烟剂熏烟，每亩每次用200~300 g，或喷撒5%百菌清粉尘剂，每亩每次用1 kg，每7~10 d喷1次，共防治1~2次。喷施吡唑醚菌酯防治效果较好，该药属于植物健康剂，不仅能防控病害，还能刺激植物生长（对黄瓜安全，无药害）。30%吡唑醚菌酯悬浮剂1000~1500倍液，每隔10 d喷1次，连用3次。

四、枯萎病

黄瓜枯萎病又称蔓割病、萎蔫病，是黄瓜的土传病害，主要造成成株发病、死秧，是黄瓜主要病害之一。病原为尖镰孢菌黄瓜专化型（*Fusarium oxysporum f. sp. cucumebrium* Owen），为半知菌亚门真菌。

（一）症状

种子带菌可造成烂籽，不出苗。苗期发病，子叶变黄萎蔫，茎基部呈黄褐色水浸状软腐，湿度大时可见白色菌丝，根毛消失，幼苗猝倒枯死。成株期发病，一般在结瓜后开始发病，先从下部叶片开始表现症状，初期病株一侧叶片或叶片的一部分均匀黄化，病株继续生长，严重时中午叶片下垂，早晚恢复（图6-59），萎蔫叶片自下而上逐渐增加，渐及全株，一段时间后，叶片全天均萎蔫，早晚不能恢复，最后枯死（图6-60）。在病株茎基部可见水浸状缢缩，主蔓呈水浸状纵裂，维管束变褐色，湿度大时，病部产生白色或粉色霉层。茎节部发病，病斑呈不规则多角形，湿度大时，有粉色霉层产生，病部维管束变褐色（图6-61）。发病后期，病斑逐渐包围整个茎部，内部病菌堵塞维管束，同时分泌毒素使植株中毒死亡。发病后期，病菌可侵入种子，造成种子带菌。枯萎病在田间往往表现为点状发生，这一点与高温强光下的生理性萎蔫（参见图6-114）相区别。

图 6-59 发病初期，下部叶片中午萎蔫，
早晚恢复正常；上部叶片不萎蔫

图 6-60 随病情发展，　　图 6-61 发病植株茎部维管束变褐色
整株叶片萎蔫且不恢复

（二）发病规律

病菌主要在病残体上、土壤中和种子上越冬。枯萎病发病的
程度主要由土壤中病菌的数量决定。病菌从根部伤口或根毛顶端
细胞间隙侵入，进入维管束，在维管束内发育，并随上升液流向
上分布到茎、叶柄和叶片等部位。当病菌发展堵塞导管时，可使
植株萎蔫。病菌主要靠气流、雨水、灌溉水传播，种子可远距离
传播病菌。发病适宜气温为 24～27 ℃，适宜土温为 24～30 ℃，

空气相对湿度90%以上时容易发病。连作，土壤黏重、干旱、偏酸，施用未腐熟有机肥，农事操作或线虫造成伤口等情况容易引起发病。

（三）防治方法

1. 农业防治

最主要的措施是采用嫁接栽培技术，可有效防治枯萎病；品种间抗病性差异明显（图6-62），栽培时，应选择抗病品种，如津春5号、津优1号、中农13号等；采用与非瓜类作物轮作，或土壤消毒，或保护地换土等措施；选用不带病菌的种子或进行种子消毒；加强栽培管理，避免大水漫灌，及时中耕，提高土壤通透性，避免伤根，结瓜期加强水肥管理，增强植株抗病能力。

图6-62　感病品种（中间）发病严重，抗病品种（两侧）未发病　　图6-63　定植前，在定植沟内撒施药剂，防治枯萎病

2. 化学防治

种子消毒，用50%多菌灵可湿性粉剂或50%福美双可湿性粉剂拌种，用药量分别为种子质量的0.1%和0.4%。也可用40%甲醛100倍液浸种30 min，清水冲洗后浸种4~5 h催芽。苗床消毒，每平方米苗床用50%多菌灵可湿性粉剂8 g处理畦面。定植前土壤消毒，在定植沟或穴内施用甲硫·福美双混剂，每亩用药2.5 kg，加细土50倍配成药土后使用（图6-63）。发病前或刚发病，可

喷施药液，可用 10% 多抗霉素可湿性粉剂 1000 倍液或 50% 多菌灵可湿性粉剂 500 倍液，每 7~8 d 喷 1 次，连用 3 次。也可用药剂灌根，可选用 70% 甲基硫菌灵可湿性粉剂 1000 倍液，或 20% 甲基立枯磷乳油 800~1000 倍液，或 50% 苯菌灵可湿性粉剂 1000 倍液，或 15% 水杨菌胺可湿性粉剂 700~800 倍液进行灌根，每株 0.3~0.5 L，每 7~10 d 洒 1 次，连用 2~3 次。

3. 生物防治

用生物农药健根宝粉剂（由一株拮抗绿色木霉和一株拮抗芽孢杆菌复合发酵后，经特殊药型加工工艺加工而成）防治枯萎病。定植时，每 100 g 药剂兑土 150~200 kg，混匀后穴施 100 g；结果期，每 100 g 兑水 45 kg，搅拌均匀后每株灌药水 250~300 mL，视病情连用 2~3 次。

五、砧木南瓜枯萎病

近年来，嫁接后的黄瓜发生枯萎病的情况经常出现，其中除了由黄瓜落蔓操作不当、嫁接不成功导致黄瓜发生枯萎病外，还有对南瓜也有强致病性的尖孢镰刀菌（*Fusarium oxysporum* Owen）感染砧木南瓜引起的枯萎病。

图 6-64　嫁接后同样感染
枯萎病，植株萎蔫

（一）症状

同黄瓜枯萎病，见图 6-64。

（二）发病规律

病菌在土壤中或病残体上越冬，种子也可带菌。苗期，可从根部伤口侵入，空气湿度大时容易发病。

（三）防治方法

1. 农业防治

选用无病土育砧木苗。

2. 物理防治

将干砧木种子放在70℃环境恒温处理72 h，消灭种子携带的病菌。

3. 化学防治

消毒苗床，每平方米用50%多菌灵可湿性粉剂8 g处理畦面。发现病害及时灌根治疗，可用3%噁霉灵·甲霜灵水剂600倍液，或20%二氯异氰脲酸钠可湿性粉剂300~400倍液，或60%琥铜·乙铝·锌可湿性粉剂350倍液，每株200 mL，每10 d灌1次，连用2~3次。

六、细菌性流胶病

近年来发病严重，可造成减产甚至绝收，危害较大。病原分别为丁香假单胞杆菌流泪致病变种（*Pseudomonas syringae* pv. *lachrymans*，Psl）和胡萝卜软腐果胶杆菌巴西亚种（*Pectobacterium carotovorum* subsp. *brasiliense*，Pcb）。

（一）症状

黄瓜细菌性流胶病在苗期和成株期均可发生。

幼苗多在定植缓苗后发生，首先在地表茎基部出现水浸状褪色斑，严重时子叶腐烂。真叶受害可见近地面叶片边缘出现水渍状凹陷病斑，后扩大向内发展，病部叶脉发黑，病害继续发展，可见叶背部病斑溢出菌脓，干燥时，病部易干、质脆、呈开裂或穿孔状。棚室内湿度大时，茎基部出现流胶现象（图6-65）。

成株期感病，叶片、茎、果实等部位均可发病。叶片感病，可从叶片边缘或中部发病，初现黄褐色水浸状病斑，病斑不规

图 6-65 幼苗感病，茎基部流胶

则，继续发展，叶片上病斑扩大、穿孔、腐烂，严重时下部叶片
干枯；有的病斑从叶片内部发展，呈现黄色小点，周围有黄晕，
并逐渐向周围扩展；植株顶部叶片呈黑褐色萎蔫。茎部发病，上
部幼嫩枝条下垂；病部初期呈水浸状，有流胶现象，棚室湿度大
时，感病茎部有大量白色至浅黄色菌脓溢出（图 6-66）；在近地
面落秧的瓜蔓上，湿度大时也出现流胶。果实染病，果面上出现
白色胶状物（图 6-67），发病后，剖开果实，可见果实内部出现
腐烂症状或呈开裂状。叶柄、卷须染病亦可有流胶症状。

图 6-66 茎部有大量白色
至浅黄色菌脓溢出

图 6-67 果面上出现白色胶状物

（二）发病规律

病菌可在种子和病残体上越冬，借风雨、灌溉水及农事操作传播蔓延。发病适宜温度为24~28 ℃，湿度越大，发病越重。设施黄瓜生产遇到连续阴雨或雾霾天气，导致棚内湿度增大，病害容易发生。田间管理粗放、定植密度过大、植株下部叶片多、植株徒长、通风不良、浇水过量等均易造成病害发生。

（三）防治方法

1. 农业防治

（1）进行种子消毒。温汤浸种，先将干种子投入55~60 ℃温水中处理约10 min，处理过程中要不断搅拌，之后再降温到28~30 ℃浸种4~6 h，用清水淘洗干净后进行催芽。药剂浸种，用100万U的硫酸链霉素500倍液浸种2 h，冲洗干净后催芽播种。

（2）培育无病壮苗。加强苗期管理，注意营养土消毒，降低苗床湿度，定植前喷药预防病害发生。

（3）合理安排定植密度。不可定植过密，防止通风不良。

（4）抽蔓期要注意适当控秧，防止徒长。

（5）及时进行植株调整。及时打掉老叶、病叶、侧枝，加强通风透光。

（6）增光、通风，降低湿度。连续阴天，应用补光灯补充光照，此时尽量不浇水。若必须浇水，则要控制水量，建议采用地膜覆盖、滴灌等措施降低湿度，同时用稻壳等将裸露地面覆盖来平衡空气湿度，减少病害发生。

（7）提前预防发病。定植前用药剂处理土壤，定植时灌根，定植后喷雾，提前防治能取得较好的防控效果。

（8）注意农事操作传播。病菌也可通过人在走道上来回走动或浇水造成的伤口侵染。摘心、掐卷须、绕蔓、摘瓜、打杈等农事操作对植株造成的伤口也是病菌的侵染传播途径。病害发生后，在使用药剂防治前，应尽量减少相应的农事操作，防止病害传播。

（9）其他农业措施。定植时，少盖土，露出黄瓜幼苗苗坨土面，有利于降低幼苗茎周围的湿度；苗期发病时，揭开植株周围的地膜，降低湿度；对已发病的棚室，成株期进行药剂喷雾前，先去掉植株下部叶片，尤其去掉畦面上覆盖的叶片，减少病残体，并做到边去叶边喷雾（防止病原菌从伤口侵染）。

2. 生物防治

发病前期，喷施3%中生霉素可湿性粉剂800~1000倍液，或2%春雷霉素水剂500倍液喷雾防治；在阴雨天，可使用荧光假单胞杆菌（细菌克星），每亩使用80~100 g喷粉防治；可选用甲壳素、植物保护膜因可瑞等，诱导植株增强抗病能力。以上药剂每隔5~7 d喷施1次，连用3~4次，不同药剂交替使用。

3. 化学防治

发病初期，可以使用琥胶肥酸铜可湿性粉剂600~800倍液或77%氢氧化铜可湿性粉剂1000倍液喷雾防治，或33.5%喹啉铜可湿性粉剂750倍液喷雾，或77%硫酸铜钙（多宁）可湿性粉剂600倍液灌根，或20%噻菌铜300配液喷雾，或每亩可用100~125 mL 20%噻唑锌悬浮剂喷雾，或70%甲基硫菌灵（甲基托布津）可湿性粉剂1000倍液灌根。频繁使用铜制剂会导致病菌产生抗药性，因此在田间使用铜制剂时最好与其他药剂轮换使用。

七、黄瓜根结线虫

（一）症状

根结线虫主要发生在侧根和须根上，造成根部长根结，影响根部功能，进而造成受害植株地上部分萎蔫、枯死。根结线虫在根部生长繁殖，初期根部无明显症状，一段时间后，病部产生瘤状根结（图6-68），解剖根结，可见内有许多细小乳白色线虫，严重时，整个根部长满根结。受害植株地上部分症状因根部发病程度不同而不同，根部受害较轻的植株地上部分症状不明显，根部受害较重的植株地上部分叶片黄化、中午萎蔫、植株矮小（图6-69），导致植株生长不整齐（图6-70），严重的造成植株枯死。

图6-68　根部产生瘤状根结　　　图6-69　根结线虫可导致叶片黄化，严重的植株萎蔫、矮小

图6-70　田间观察，植株生长不整齐

（二）发生规律

根结线虫生活在30 cm内的土层中，以2~20 cm土层内最多。以卵或成虫随病残体在土壤中越冬，越冬后的卵孵化为幼虫，越冬的幼虫侵染黄瓜根系，导致黄瓜植株受害。可随水、粪肥、苗木、垃圾、农事操作及农具进行传播。其发育的适宜地温

为 25~30 ℃，幼虫在 10 ℃以下停止活动，20 ℃以上时开始侵染根系，55 ℃以上保持 5 min 可致幼虫死亡。土壤相对湿度 40% 左右，通透性好，有利于线虫活动，所以沙壤土一般较黏壤土发病重。

（三）防治方法

1. 农业防治

轮作或换土，与对根结线虫免疫的蔬菜作物（如葱、韭菜、大蒜等）轮作 2~3 年，也可以换去 30 cm 的表土；育苗时，选用无虫土、肥育苗；拉秧后清理田园，清除根系、杂草；定植前，深耕晾晒土壤；闲置季节，连续灌水，保持地表积水 3 cm 左右 5~7 d，减少虫口密度。

2. 生物防治

定植后可用 1.8% 的阿维菌素乳油 3000 倍液灌根。也可用微生物菌剂防治根结线虫（图 6-71），如坚强芽孢杆菌、解淀粉芽孢杆菌等。微生物菌剂不仅能防治根结线虫，还能改良土壤、增产。

图 6-71　整地前喷施扩繁好的菌剂

3. 物理防治

高温秸秆还田在改良土壤的同时可有效消灭根结线虫。在夏季休闲季节，每亩设施用打碎的秸秆 1000~1500 kg 还田，并撒施生石灰 100 kg，旋耕后灌水，然后覆盖地膜，密闭棚膜 10~15 d。

4. 化学防治

定植前，结合整地，每亩施入 3% 氯唑磷颗粒剂 8 kg。定植时，可在地表喷药杀虫，每亩可用 1.5~2.5 kg 的 30% 除线特乳剂 300~350 倍液喷施。

八、枯边叶

枯边叶又称焦边叶，主要在保护地生产中发生。

（一）症状

中部叶片发病最重，部分或整个叶缘干枯（图 6-72），干枯部分可深入叶内 3~5 mm。枯边叶的叶肉组织死亡，这一点与金边叶不同。

图 6-72　叶缘组织死亡干枯

（二）病因

保护地栽培，突然大放风，叶片失水过快而引起枯边。

土壤盐含量太高，产生盐害，造成枯边。

喷药浓度偏高、喷施药量过大，导致药液积聚于叶缘，引起枯边。

（三）防治方法

要加强管理，及时通风。通风时，要逐渐加大通风量，避免通风过急。

降低土壤含盐量。对高盐分土壤，可泡田洗盐，在夏季休闲季节灌大水，连续泡田 15～20 d，淋溶掉土壤中的盐分；施肥时，要配方施肥，不可过量施肥，尽量使用腐熟有机肥，少用副成分残留多的化肥。

喷药时，不要随意加大浓度，雾滴要小，喷药量以叶面覆盖完全又不形成药滴流下为宜。

九、金边叶

金边叶又称黄边叶，在保护地生产中经常发生。

（一）症状

叶片边缘有一圈整齐的金边，组织一般不坏死。植株上部叶片骤然变小，生长点紧缩，在温室生产中的抽蔓期容易发生（图6-73）。

图 6-73　抽蔓期过度干旱引起的金边叶

（二）病因

1. 土壤缺钙

土壤酸性强或多年不施钙肥，从而使土壤缺钙，导致植株缺钙。

2. 植株对钙的吸收受阻

抽蔓期控水过度，土壤干旱，土壤溶液浓度增高，造成植株吸收钙困难；土壤中氮、镁、钾等元素含量过高，抑制植株吸收钙；土壤在碱性条件下，植株吸硼困难，从而诱发吸钙困难，导致缺钙；冬春季节土壤温度低，根系吸收能力弱，导致吸收钙困难。

（三）防治方法

对酸性土壤，要适当施用生石灰改良土壤，多年不施用钙肥的土壤要适当施用过磷酸钙等钙肥。

抽蔓期控水不可过度，出现金边叶时要及时浇水；施肥要科学合理，不可过量；碱性土壤造成缺硼从而造成缺钙的，可以叶面喷施硼酸或硼砂等硼肥解决缺钙问题；冬春季节地温过低的，当天气回暖后，缺钙症状会自动消失，低温时如有条件，也可以通过加温等措施提高地温，缓解症状。

十、叶烧病

叶烧病主要在保护地生产中发生。

（一）症状

初期叶脉间出现灼伤斑（图6-74），病部褪绿变白，然后病斑扩大，连接成片，严重时整个叶片变成白色（图6-75），最后叶片黄化枯死。多在日光温室南部植株的中上部叶片发病，特别是接近或触及棚膜的叶片症状较重，也可在保护地定植后缓苗期发生（图6-76）。

图 6-74 初期叶脉间出现灼伤斑

图 6-75 叶脉间出现灼伤斑，
严重时，整个叶片变成白色

图 6-76 定植后缓苗期温度过高
造成的烤苗

（二）病因

高温、强光、空气相对湿度较低是造成叶烧的原因。黄瓜对高温的耐力较强，特别是在空气相对湿度高、土壤水分充足时，忍耐高温的能力更强，可以忍耐短时期的 42~45 ℃的高温。但在相对湿度低于80%时，遇到 40 ℃的高温就容易对叶片产生伤害，尤其是在强光下更为严重。用高温闷棚控制霜霉病时，处理不当也可导致叶烧。

（三）防治方法

及时通风，避免棚室气温超过 37 ℃。当棚室内温度很高，通风仍不能降低到所需温度时，可以通过遮阳降温；如果棚室内湿度较低，也可用喷冷水的方法降温，此法一方面可以直接降低气温，另一方面又可以增加空气湿度，提高植株忍耐高温的能力。

用高温闷棚控制霜霉病时，要严格掌握温度、湿度和时间，以龙头处的气温 44~46 ℃，持续 2 h 以内才安全有效。龙头高触棚顶时要弯下龙头。闷棚前一天一定要灌足水，提高湿度。

十一、泡泡病

泡泡病主要在冬季保护地生产中发生。

（一）症状

主要在中下部叶片发病。发病初期，在叶片上产生直径约 5 mm 的鼓泡（图 6-77、图 6-78）。不同叶片产生的鼓泡数量差别很大，鼓泡多朝叶正面方向突出，致使叶片凸凹不平，凹陷处常有白毯状非病菌物质，鼓泡的顶部，初期呈褪绿色，后期变为灰白色、黄色或黄褐色。发病叶片生长缓慢或停滞，光合能力降低。

图 6-77　产生凸向叶正面方向的鼓泡　　图 6-78　叶背面症状

（二）病因

病因尚未完全明确。泡泡叶在低温、短日照条件下容易发生，品种间也有差异，相同条件下，一些品种容易发病，一些不容易发病。

（三）防治方法

选用抗逆性强的品种，如山东密刺等。

注意增加光照和提高温度。选用抗老化无滴膜，并经常擦洗棚膜，增加透光性能，温室后墙增设反光幕，必要时进行人工补光。低温季节，注意提高棚室内的气温和地温，地温保持在15 ℃以上，优化棚室结构，采用地膜覆盖栽培，控制浇水，不可大水漫灌。

适时适量追肥，提高植株抗逆性。冬春季节可追施二氧化碳气肥，或喷施叶面肥。

十二、褐脉病

保护地春季栽培黄瓜容易发生褐脉病。

（一）症状

多在中下部叶片发生。先在大叶脉旁边出现白色至褐色条斑，早期条斑受叶脉限制不连成片，条斑紧靠大叶脉。条斑处叶肉坏死，叶肉上亦可见零散褐色斑点。叶脉上，首先网状叶脉变褐色，然后支脉变褐色，最后主脉变褐色（图6-79）。对着阳光观察叶片，可见叶脉变褐色部分坏死。有时沿着叶脉出现黄色小斑点，斑点扩大成近褐色条斑。褐脉病外观和小斑型靶斑病很像，区别如下：褐脉病一般仅发生在下部叶片且沿叶脉分布，而且褐脉病和品种有关，发生时具有普遍性；靶斑病一般具有中心病株，发病时呈点块状发病，多发生在中上部叶片，病斑不沿叶脉分布（图6-80）。

图 6-79　病斑沿叶脉分布　　图 6-80　靶斑病病斑分布与叶脉无关

（二）病因

由于土壤中锰过多引起的中毒现象。土壤黏重、多肥、高湿、低温条件下容易发生。土壤缺钙也容易导致锰元素过剩，从而发病。品种不同，对此病耐性不同，耐低温弱光能力较差的品种在保护地栽培时容易发生此病。

（三）防治方法

改良土壤理化性质，避免土壤过酸或过碱。

施用充分腐熟有机肥，追肥要适时适度，不可过量，同时要注意钙肥的使用。

保护地生产中应选用保护地专用品种。

避免使用含锰农药，发现症状时可喷含磷、钙、镁的叶面肥。

十三、变色叶

（一）症状

植株一部分叶片部分失绿，渐变成其他颜色（图 6-81 至图 6-83），植株可正常生长。

图 6-81　叶片部分失绿变黄

图 6-82　叶片部分失绿变白

图 6-83　心叶颜色已经改变

（二）病因

目前病因尚未确定，变色叶可能和基因突变有关。

（三）防治方法

变色叶不会向其他植株传染，对生产影响一般不大，发现有变色叶的植株可及早去除。在种子生产中，要淘汰亲本中发生变色叶的植株。

十四、龙头紧聚

龙头紧聚俗称"花打顶"，主要在保护地发生。

（一）症状

植株顶端茎节短缩，顶部叶片变小，生长点部位密生雌花（图6-84），龙头紧聚，瓜秧生长停滞。

图6-84　顶部密生雌花，顶叶变小

（二）病因

由于根系损伤、低温、缺水、药害等原因，植株营养生长受到抑制，节间短缩、叶片变小，而生殖生长相对较旺，形成大量花朵，即花打顶。具体原因如下。

1. 伤根

移苗或定植时，根系受到机械损伤。

2. 烧根

施肥过量或施用未腐熟有机肥，或地温过高又未及时浇水引起烧根。

3. 沤根

当土温较低，土壤相对湿度较高时，根系生长受到抑制，土壤长时间低温高湿，引起根系腐烂，从而引起花打顶。

4. 低温

育苗时夜温偏低，影响叶片同化、物质运输，造成叶片老化。同时，育苗时温度偏低，可导致雌花大量分化，从而在定植后出现花打顶现象。

5. 缺水

苗期及定植后控水过度，过于干旱引起花打顶（图 6-85）。

图 6-85　定植后控水过度，
导致花打顶

6. 药害

使用农药浓度过高、次数过频、用量过大可造成花打顶。

（三）防治方法

针对不同的形成原因，采取不同的预防措施。

1. 伤根

采用护根育苗，定植与中耕要细致操作，减少根系损伤，防止伤根引起发病。

2. 烧根

合理施肥，施用充分腐熟的有机肥，化肥要深施，避免与根系直接接触，防止烧根引起发病。

3. 沤根

注意提高土温，冬春季栽培要采用地膜覆盖，控制浇水量，避免出现低温高湿的土壤条件，防止沤根引起发病。

4. 低温

育苗时，夜温不可过低，防止低温引起发病。

5. 缺水

不可控水过度，以免过于干旱引起花打顶。

6. 药害

严格按照要求配制与使用农药，防止药害造成花打顶。

如果出现花打顶现象，要采用以下措施及时治疗。

（1）升高温度，适当灌水，暂不追肥。

（2）摘除顶部大部分花朵，抑制生殖生长。

（3）喷施各种叶面肥，促进植株生长。

（4）每7 d喷1次300~400倍的细胞分裂素，促进植株生长。

十五、生理变异株

保护地和露地均有发生。

（一）症状

茎粗壮，扁平，每节有2~3片叶，有雌花的节位同时有2~3个雌花发生，好像2~3株植株紧密排成一排，生长在一起（图6-86）。由于每节叶片均多生，龙头部分聚集很多叶片（图6-87）。有的在龙头位置分支形成多个龙头（图6-88）。

图6-86 茎扁平，每节同时开2~3朵花，
具2~3片叶

图 6-87 龙头部分聚集
很多叶片

图 6-88 形成多个龙头

（二）病因

育苗及定植过程中速效氮施用过多，容易发生生理变异株。有的生理变异株有一定遗传性，对生理变异株自交留种，其后代中有 50% 左右的植株为生理变异株。

（三）防治方法

育苗及定植期间，要控制速效氮的使用。在种子生产中，要淘汰亲本中的生理变异株，降低后代中生理变异株的发生率。

十六、化瓜

（一）症状

化瓜是指在雌花发育成果实过程中，雌花（或小果实）停止生长，头部发黄、干瘪，最后整个雌花或小果实干枯（图 6-89、图 6-90），不能形成商品瓜。化瓜现象在黄瓜生产中比较普遍，特别是在秋冬季保护地生产中更为严重，发生化瓜后产量会降低。

图 6-89　病害严重导致化瓜　　　　图 6-90　营养生长过旺、

雌花多，造成化瓜

（二）病因

如果品种本身雌花较多，特别是全雌型品种，每节都有雌花发生，这些雌花都长成商品瓜几乎是不可能的，有一部分雌花发生化瓜属于正常现象。但如果品种本身雌花不是很多，却发生大量的化瓜现象，就是一种生理病害，其发生原因主要是营养不能满足雌花发育的需求，具体有如下几种情况。

1. 营养生长和生殖生长不平衡

当植株徒长时，营养生长过于旺盛，导致营养被新生茎叶争夺，造成化瓜。当生殖生长过于旺盛时，雌花数目过多，养分不能满足雌花发育需求，从而造成化瓜。

2. 病虫害严重、肥水不足

病虫害严重，肥水不能满足雌花或小瓜条发育的需求，造成化瓜。

3. 温度过高

白天温度超过 35 ℃或 0 时至 8 时温度超过 18 ℃时，光合作用制造的养分少于呼吸作用消耗的养分，养分得不到积累，导致化瓜。

4. 低温弱光

低温弱光条件下，光合作用减弱，制造养分减少，造成化瓜。低温下，根系吸收能力也会受到影响，吸收的水分和矿质营养减少，也可造成化瓜。

5. 气体含量过高或过低

当棚室内有害气体（二氧化硫、氨气、乙烯等）含量过高时，可引起化瓜。二氧化碳含量过低时，不能满足光合作用需求，也可造成化瓜。

6. 根瓜未及时采收

根瓜吸收营养的能力较强，导致上部的雌花得不到足够营养，从而化瓜。

（三）防治方法

1. 促进营养生长和生殖生长的平衡

苗期，不可过于控水控温，或喷施过量乙烯利，防止雌花过多；抽蔓期，要控制肥水，防止植株徒长。

2. 加强肥水管理和病虫害防治

定植前，施入足量的腐熟有机肥；结果期，加大肥水供给，防止化瓜。同时，要注意病虫害防治，保证功能叶片数量。

3. 加强温度管理

白天温度不宜超过 35 ℃，0 时至 8 时温度保持在 12~15 ℃。

4. 冬春季节注意增温增光

使用多棚膜（可多层）、草帘（或保温被）、纸被等保温覆盖材料提高保温性能，在棚室内加温，提高棚室温度。光照较弱的季节，要及时清洁棚膜，必要时采用补光灯补光。

5. 气体管理

减少有害气体源：加热的炉体最好与栽培区隔离，烟道密闭性要好；选用优质棚膜；不要一次施入大量化肥；及时通风换气，排除有害气体；增加二氧化碳含量，冬春季节可在上午补充二氧化碳气肥，促进光合作用。

6. 根瓜要及时采收

雌花过多的品种，要适当疏花疏果，及时采收根瓜。

7. 人工授粉或喷施生长调节剂

单性结实能力差的品种在保护地栽培容易化瓜，可通过人工授粉、熊蜂授粉或使用生长调节剂处理等方法防止化瓜（具体见第六章相关内容）。

十七、畸形瓜

（一）症状

果实畸形，形成弯曲瓜（图6-91）、尖嘴瓜（图6-92），大肚瓜（图6-93）、蜂腰瓜（图6-94）等各种形态不正常的瓜条（图6-95至图6-97）。影响产量和商品性。

图6-91 弯曲瓜　　　　　　　图6-92 尖嘴瓜

图 6-93　大肚瓜

图 6-94　蜂腰瓜

图 6-95　果实上长叶片

图 6-96　双体瓜

图 6-97　由于卷须缠绕，缠绕部位出现细沟

（红圈内，细绳状为干枯的卷须）

（二）病因

在黄瓜花芽分化或子房发育过程中，由于温度、水分、光照、营养不适宜，授粉受精不良，外物阻碍，病害等原因，果实各部分生长不均衡，形成畸形瓜。

（三）防治方法

1. 弯曲瓜

选用单性结实能力较强的品种；防止瓜条底部接触地面或其他物体；人工或熊蜂授粉，促进果实发育；不可定植过密，否则影响光照和养分供给；加强肥水管理，满足植株营养需求；加强温度管理，不可通风过急、温度变化过于激烈；及时防治黑星病等侵染果实的病害；在瓜长 20 cm 左右时，用石块坠挂在黄瓜下部，利用石块的重力把弯曲瓜拉直（图 6-98）。

图 6-98　利用石块的重力把弯曲瓜拉直

2. 尖嘴瓜

选用单性结实能力较强的品种；增施有机肥，减少化肥使用量，肥水供应充足、均匀，尤其是果实肥大后期，要保证肥水供应，追肥要少量多次施入；加强温度管理，避免温度过高或过低；及时防治病虫害。

3. 大肚瓜

保证肥水供给充足、均匀，结果期注意补充钾肥。

4. 蜂腰瓜

保证肥水供给充足、均匀，结果期注意补充钾肥，保证植株营养供给均匀，生长平稳。

5. 瓜上长叶片、两条瓜长在一起（双体瓜）等畸形瓜

从幼苗具 1~2 片真叶开始，注意环境条件调控，创造适宜黄瓜花芽分化的环境条件，适量使用农药、激素，防止环境及化学药品影响植株的花芽分化。

6. 机械原因造成的畸形瓜

防止瓜条生长被卷须、绑绳、架材等物体所阻碍，如有阻碍，要及时解除。

十八、气体为害

发生在保护地生产中，当某种气体超过一定浓度范围时，就能对植株造成一定危害。常引起黄瓜气害的有亚硝酸气体、氨气、二氧化硫、一氧化碳、乙烯、氯气、硫化氢等。

（一）症状

亚硝酸气体为害，中位叶首先受害，然后逐渐扩展到上部和下部叶片。先在叶缘或叶脉间出现水浸状斑纹，2~3 d 后受害部位变白干枯，严重时大叶脉内叶肉均变成白色，似白纸状（图 6-99）。确诊病害可用 pH 值试纸检测病部内表面水滴的 pH 值，pH 值在 5.5 以下多为亚硝酸气体为害。

氨气为害多从叶缘开始表现症状，轻者叶缘略褪绿，重者叶缘枯焦、呈匙形（图 6-100）。在大叶脉间形成病斑，病斑黄白色，边缘颜色略深，病健部界限明显。发病较快时，叶片呈绿色

枯焦状。也有的在叶片间形成许多白纸状小斑点。

图 6-99 亚硝酸气体为害严重时，　图 6-100 氨气为害严重时，造成
　　　　造成叶面大部分失绿变白，　　　　　　叶缘枯焦，呈匙形
　　　　似白纸状

二氧化硫为害，叶缘和叶脉间叶肉白化（图 6-101），继续受害时，会逐渐扩散到叶脉，导致叶片逐渐干枯，高浓度时会使全株死亡。

图 6-101　二氧化硫气体为害使叶肉白化

（二）病因

施肥、燃煤或棚室内用品释放出某种气体，由于保护地相对封闭，气体不能及时稀释，当有害气体达到一定浓度时，就会对植株造成危害。氨气来源主要是施入易挥发的氮肥，或施入过多

的氮肥后没有及时盖土或浇水，或施入大量有机肥，或施入没有腐熟的有机肥，这些情况都会导致释放出大量氨气。二氧化硫气体主要在保护地使用燃煤加温时产生。二氧化氮气体多由于一次大量施入氮肥，或土壤呈现酸性（pH 值小于 5）情况下，由亚硝态氮转化来的。

（三）防治方法

1. 亚硝酸气体为害

农家肥要充分腐熟，不要一次施入大量速效氮肥，若土壤过酸，要施入适量的石灰。

2. 氨气为害

不使用挥发性氮肥，氮肥要少量多次施用，最好和过磷酸钙混合施用，施后多浇水或盖土，不可过量施用有机肥或施入未腐熟的有机肥。施肥后，要尽量通风，排出有害气体。

3. 二氧化硫为害

合理布置炉体、烟道，炉体最好能与栽培区隔离，烟道要有较好的密封性；使用优质原煤，发现栽培区有烟味的，要立即通风换气，并适当浇水、追肥。

十九、药害

（一）症状

施用化学药品后，叶片、植株、果实等出现异常，如褪绿、变色（图 6-102、图 6-103）、扭曲（图 6-103、图 6-104）、干枯（图 6-105、图 6-106）、节间变短（图 6-107）等，严重时植株大部分叶片失绿，丧失光合功能，造成减产，最严重的可造成龙头枯萎、生长停滞、叶片硬化卷缩、整株枯死（图 6-108）。

图 6-102　苗期喷施硝酸银导致
成株期叶片呈类似病毒病的花叶

图 6-103　玉米田除草剂阿特拉津
漂移导致黄瓜叶片扭曲、卷叶、
边缘失绿

图 6-104　2.4-D 漂移造成叶片呈
蕨叶型（叶片凸凹不平、皱缩）

图 6-105　成株期杀菌剂浓度
太高，形成边缘清晰斑点
或较大枯斑，病部白化

图 6-106　药害严重时，
可使龙头干枯

图 6-107 矮壮素导致植株节间 图 6-108 龙头枯萎、生长停滞、
变短，龙头叶片紧聚 叶片硬化卷缩、整株枯死

（二）病因

同第三章第五节"九、幼苗病害"病因。

（三）防治方法

同第三章第五节"九、幼苗病害"防治方法。

二十、歪头与无生长点

在冬春茬温室生产中，经历长时间低温弱光，容易发生生长点异常。

（一）症状

龙头叶片变小，向下弯曲，使龙头低于其邻近展开的大叶片（图 6-109）。严重时，可使生长点消失（图 6-110）。

图 6-109 黄瓜歪头 图 6-110 黄瓜生长点消失

（二）病因

品种耐低温性不好，或棚室长期低温弱光，地温偏低，均可导致歪头，严重时会造成无生长点。

（三）防治方法

选用温室专用耐低温、弱光性好的品种。

低温季节注意温室保温与加温。

发现歪头或生长点消失，应及时采瓜，并摘掉一部分雌花；温度回升、光照充足时追肥灌水；喷施含硼的微量元素肥料或其他叶面肥。

二十一、冷害

（一）症状

冷害会使叶片失绿黄化，叶背面出现水浸状充水斑，叶肉枯死（图6-111），温室栽培，冷害常在大棚前部（温室前底脚部分）较重，导致底脚部分植株枯死（图6-112）。

图6-111　急剧降温使叶肉枯死

图6-112　底脚部分冷害较重

（二）病因

温度降低到黄瓜能忍受的低温界限以下，造成光合作用减弱、呼吸强度降低、养分运转困难等，最终发病。

（三）防治方法

高纬度地区要建设保温、增温性好的优型日光温室，覆盖抗老化无滴膜，覆盖双层草苫保温。

定植选寒尾暖头的晴天进行，最好保证定植后 3 d 内为晴天。

定植后寒流来袭，可覆盖小拱棚保温。

寒流前，喷施 72% 硫酸链霉素可溶性粉剂 4000 倍液，或27% 高脂膜乳剂 80~100 倍液，可起到一定预防作用。

二十二、低温障碍

（一）症状

较长时间低温条件，使植株生育异常，包括叶片变小、边缘下垂、卷曲、黄化（图 6-113），节间缩短、龙头紧缩、生长停滞等（图 6-114），影响产量。定植后，缓苗期经历较长时间低温使植株不再生长，甚至枯死。

图 6-113　叶片下垂、卷曲、黄化

图6-114　植株节间缩短、龙头紧缩

（二）病因

温度长时间低于黄瓜生育温度需求下限，如地温长时间低于12℃、气温低于5℃均可发生。温室结构不合理、棚膜透光性不好、保温覆盖不良、定植过早、连续阴天弱光、大水漫灌等都可导致低温障碍发生。

（三）防治方法

选用耐低温性好的温室专用品种。

高纬度地区要建设保温、增温性好的优型日光温室，覆盖抗老化无滴膜，覆盖双层草苫保温。

安排好茬口，保证定植期温度满足缓苗需求。

定植后寒流来袭，可覆盖小拱棚保温。

提高栽培管理水平，避免大水漫灌。

二十三、生理性萎蔫

（一）症状

久阴骤晴，在晴朗天气的中午，植株叶片普遍或某一地块萎蔫（图6-115），初期夜间可恢复，较严重的会逐渐加重，最后萎蔫不恢复，生长势减弱，产量降低，甚至整株枯死。

（二）病因

对于设施生产来说，生理性萎蔫发生多和三个原因有关：一是久阴后突然放晴，蒸发量骤增；二是低温久阴情况下大水漫灌，导致根系缺氧，

图6-115　久阴骤晴，导致整个棚室植株叶片普遍萎蔫

吸收能力下降，植株缺水，出现萎蔫；三是施肥不当，定植时速效肥施用过多，导致根系受害，吸收能力减弱，导致缺水。露地生产一般是由于地块低洼，雨后地面长期积水或长期大水漫灌，土壤含水量增加，土壤缺氧，导致根部呼吸受阻，吸收功能下降，导致植株缺水，出现萎蔫。

（三）防治方法

设施久阴骤晴后，应采用"揭花草苫、拉花帘"的方法或在中午覆盖草帘遮光或覆盖遮阳网降低光照等方法来减轻突然强光带来的危害，防止发生急性凋萎。

避免大水漫灌、连阴低温时期浇水，应该采用膜下滴灌，选择在晴天上午浇水，最好浇水后3~5 d都是晴天。

适量多施充分腐熟有机肥或生物菌肥以促根保地温。同时，适当喷施叶面肥，增强黄瓜抗逆能力。

坐果之前不要大量施用速效肥料，防止根系受害。

改良温室设施，增强温室保温、增温能力。

露地栽培要选地势较高、能灌能排的地块，避免长期积水。

二十四、顶枯病（缺钙）

图 6-116　顶部叶片干枯

（一）症状

植株顶尖发生病变，首先顶部叶片变狭窄，然后焦边，最后枯边或腐烂或长毛（图 6-116），最终导致植株失去生长点。

（二）病因

长时间温度过高（高于 35 ℃），而空气相对湿度较小（低于 80%），或夜温过高、植株徒长，导致钙或其他营养缺乏表现出的症状。一般在放风口下容易发生，长时间放风会使风口处地温降低，根系发育较差，吸收能力减弱，如果夜温过高，就会造成风口下植株消耗过量而吸收不足，因而发病。在连续高温强光天气，如夜温过高，会突然大面积发生顶枯病。

（三）防治方法

放风时，要采取大口放风，采取短时间、间断式放风，有条件的可在温室放风口下方加一条塑料棚膜，防止冷空气直接下沉对植株和地温造成剧烈影响。

控制夜温，18 时至 24 时 15～20 ℃，0 时至 8 时 10～15 ℃，防止植株徒长。当发现顶部叶片变狭窄时，说明夜温过高，要立即降低夜温。

发现病害，要及时向叶面喷施 0.3% 的氯化钙溶液补充钙元素。

二十五、皱皮病（缺硼）

（一）症状

果皮表面龟裂，出现纵向木栓化条纹（图 6-117），逐渐连片（图 6-118），使果实失去商品价值。

图 6-117　果皮木栓化，形成
　　　　　纵向条纹

图 6-118　木栓化逐渐连片

（二）病因

与缺硼及品种有关。大田作物改种蔬菜后容易缺硼。重茬、连作，有机肥不足的碱性土壤及沙性土，干旱、浇水不当，钾肥、氮肥过多，施用过多的石灰都会导致缺硼或硼吸收困难而发病。生产实践中皱皮的发生和品种关系显著，欧洲型黄瓜或其他具有果皮亮绿性状的黄瓜品种容易发生皱皮。

（三）防治方法

1. 科学施肥

改良土壤，秸秆还田，施用厩肥；增施硼肥，如硼砂、硼酸、硼矿泥等（已知缺硼的土壤，可每亩施用硼砂或硼酸 1 kg 作基肥，也可早期追施硼肥，硼砂溶解慢，可先用温水促溶，再进一步稀释使用）；增施磷肥，磷肥可促进硼的吸收；不要施用过多石灰，偏碱性土壤宜使用生理酸性肥料，如硫铵等，以降低土壤 pH 值。

2. 叶面补硼

发现病症，要及时补充硼肥，可以向叶面喷施 0.1% ~ 0.2% 的硼砂或硼酸溶液。

3. 防止干旱

要适时浇水，防止土壤干燥。

4. 选择不易皴皮的品种

发病地区不宜栽培容易发生皴皮病的黄瓜品种。

二十六、缺镁

（一）症状

从中下部老叶开始发病，严重地块顶部叶片也会发病。初期叶脉间出现褪绿，变成白色或浅黄色，褪绿斑逐渐扩展成片，但叶脉和叶缘多不褪绿，因而有人称之为"绿环叶"，也有的除了叶脉外，通体黄化（图 6-119）。

图 6-119　除了叶脉，叶片通体黄化

（二）病因

一般生育初期不发病，温室栽培多在采收盛期发病，此时处于低温季节，根系吸收能力弱，而需镁量增加，导致缺镁而发病。具体原因如下。

1. 土壤缺镁

沙土含镁量较少；黏土或排水不良的土壤会造成镁吸收困难

而发病。

2. 土壤营养失衡

氮、钾、钙过量施入，导致镁吸收困难；缺磷肥引起镁的吸收能力减弱；缺少有机肥导致镁吸收困难。

（三）防治方法

1. 科学施肥

改良土壤，秸秆还田，施用充足的腐熟有机肥；避免一次大量施入氮、钾、钙肥，影响镁的吸收；适当增施磷肥；对于缺镁的土壤，可每亩施用 5 kg 硫酸镁作为基肥，也可以选用硝酸镁、氯化镁、钙镁磷肥等作为基肥。

2. 科学浇水

土壤湿度过大，降低根系吸收能力，同时镁也会随水流失。

3. 叶面补镁

效果较快，但肥效不持久，应连续用 2 ~ 3 次。可用 1% 的硫酸镁或氯化镁溶液喷施叶面，每 7 d 喷 1 次。

二十七、氮肥过量

（一）症状

叶片肥大、颜色较深，植株组织柔弱，贪青徒长，植株茂盛（图 6-120），易化瓜，产量降低。

图 6-120　叶片肥大，植株茂盛，果实少

（二）病因

氮肥施用过多，促进营养生长，导致枝叶茂盛。营养生长过盛抑制生殖生长，导致化瓜、产量降低。

（三）防治方法

基肥以腐熟有机肥为主，适量加入二胺或复合肥等化肥，一般每亩施化肥量在 50 kg 以内；进入结果期后，追肥以磷、钾肥为主，间施氮、磷、钾平衡肥。不可过量施入氮肥。

二十八、温室白粉虱

温室白粉虱俗称"小白蛾"，是保护地黄瓜主要害虫之一。

（一）症状

以成虫和若虫吸食植物汁液，导致叶片褪绿、变黄、萎蔫，严重时全株枯死。可分泌蜜液，污染叶片和果实，传播病毒病、煤污病等病害，降低产量和商品性。

图 6-121　聚集在叶片背面的温室白粉虱

（二）发生规律

在北方，温室白粉虱只能在温室内越冬。成虫有趋嫩性，总是在植株上部产卵（图 6-121）。繁殖的适宜温度为 18～21 ℃，在温室条件下约 1 个月完成 1 代。当露地黄瓜定植后，白粉虱可以由温室迁入露地。从春季至秋季，白粉虱种群数量持续发展，夏季高温多雨对其抑制不明显，到秋季数量达到高峰，此时为害较重。

（三）防治方法

1. 农业防治

育苗前，清洁育苗场所，减少虫源；育苗时，注意虫害防治，培育无虫苗；定植前，清洁栽培场所，减少虫源；不要与白粉虱发生严重的番茄、茄子、菜豆等蔬菜混栽、邻栽，要尽量与白粉虱不喜食的十字花科、百合科蔬菜邻栽；清洁田园，及时处理打下的叶片、侧枝及温室内外的杂草，减少寄主。

2. 生物防治

在保护地内放养天敌，如草蛉、丽蚜小蜂等。

3. 物理防治

育苗及保护地栽培覆盖防虫网；张挂黄板诱杀白粉虱。

4. 化学防治

发现虫害及时防治。虫卵可喷施 10%噻嗪酮乳油 1000 倍液，或 10%吡丙醚 100 倍液。若虫可用 60%吡虫啉悬浮种衣剂 2000 倍液灌根防治。成虫可用 12%达螨异丙威烟剂熏棚。其他可用的药剂包括：2.5%联苯菊酯乳油 3000 倍液，15%哒螨酮乳油 2500～3500 倍液，20%甲氰菊酯乳油 2000 倍液，30%蚜虱一熏净烟剂等。以上药剂交替使用，每 5～7 d 喷 1 次，连喷 2～4 次。喷洒时，应注意喷施植株上部和叶背面，尽可能喷射到虫体上。

二十九、美洲斑潜蝇

美洲斑潜蝇为世界性检疫害虫，对蔬菜生产危害很大。

（一）症状

雌成虫刺伤叶片，取食和产卵，形成白色坏死产卵点和取食点（图6-122），严重影响叶片的光合作用，叶片会大量蒸发水分，导致坏死。卵在叶片中发育成幼虫，潜入叶片和叶柄为害，产生1~4 mm宽的不规则线状白色虫道（图6-123）。叶片被侵入部分的叶绿素被破坏，影响光合作用。严重时，叶片布满白色虫道，严重影响叶片功能（图6-124），最后受害重的叶片脱落，可造成幼苗死亡、成株减产。

图6-122 成虫刺伤叶片，形成取食点和产卵点

图6-123 幼虫在叶片上下表皮间蛀食，形成弯曲的白色虫道

图6-124 严重时，叶片布满白色虫道

（二）发生规律

以蛹和成虫在蔬菜残体上越冬。幼虫最适活动温度为 25～30 ℃，35 ℃以上时，成虫和幼虫活动都受到抑制，降水和高湿条件对蛹的发育不利，所以美洲斑潜蝇在夏季发生较轻，春秋季发生较重。

（三）防治方法

1. 农业防治

严格检疫，防止该虫扩大蔓延；育苗前清洁育苗场所，减少虫源；育苗时，注意虫害防治，培育无虫苗；定植前，清洁栽培场所，深翻土壤，减少虫源；合理安排茬口，对虫害重的地区，秋季栽培非寄主或美洲斑潜蝇不喜食的蔬菜，翌年春季再栽培黄瓜。

2. 生物防治

在保护地内放养潜蝇姬小蜂、反颚茧蜂等天敌。也可用生物农药防治，用 1.8%阿维菌素乳油 3000 倍液喷施（使用时加入适量白酒可以提高药效），每 7 d 喷 1 次，连喷 2～4 次。

3. 物理防治

在成虫始盛期至盛末期，每亩设置 15 个诱杀点，每个点放置 1 张诱蝇纸诱杀成虫，每 3～4 d 更换 1 次。也可用涂有粘虫胶或机油的橙黄色木板或塑料板诱杀成虫。

4. 化学防治

发现虫害要及时用药防治，可喷施 50%杀螟丹可溶性粉剂 1000～1500 倍液，或 40%阿维·敌敌畏乳油 1000 倍液，或 1.8%阿维菌素乳油 2500 倍液，或 48%毒死蜱乳油 800～1000 倍液，或 10%灭蝇胺悬浮剂 300～400 倍液。以上药剂交替使用，每 7 d 喷 1 次，连喷 2～4 次。其中，灭蝇胺效果比较好，几乎无抗药性，使用时和阿维菌素合用效果更好。

第七章 日光温室早春茬黄瓜绿色栽培技术

日光温室早春茬黄瓜栽培，是指在本地最严寒季节播种，幼苗度过严寒季节，早春温度回升后定植于日光温室的栽培模式。播期从南到北逐渐延后，一般 11 月至翌年 1 月播种，从 12 月中下旬至翌年 2 月定植，2—3 月开始收获，5—6 月拉秧。早春茬黄瓜的苗期处于一年中最寒冷的季节，低温条件使幼苗生长较慢，苗龄长，同时有利于雌花的形成。定植后温度、光照等条件逐渐适宜黄瓜生长，管理难度较低。所以此茬黄瓜培育壮苗非常关键。

❀ 第一节 定植前的准备

一、品种选择

此茬前期低温，后期高温，整个生育期半年以上，应该选用既耐低温又耐高温、雌花节率高、抗病能力强的品种。可选择津优 315、津优 316、津绿 3 号、津优 35、绿园 7 号、燕白、烟台白黄瓜、吉杂 9 号、吉杂 16 号、戴多星、中农 29 号、东农 808、东农 816 等品种。

二、育苗

（一）播种期

播种期从南到北逐渐延后，一般从 11 月到翌年 1 月播种，具体要根据当地气候条件、温室条件、市场需求确定。一般要满足定植时温室内最低气温高于 8 ℃，最低地温高于 10 ℃，在这个日期再向前推 50 d 左右播种。

（二）育苗场所的准备

在日光温室没有山墙遮光处设立苗床。苗床可采用温床或架床，上设小拱棚。根据当地温度条件，在夜晚小拱棚上可用纸被、草帘等覆盖物保温。温床可采用电热温床或酿热温床等不同形式。

（三）苗床管理

1. 嫁接育苗

此茬黄瓜生育期较长，为了提高产量和抗性，一般采用嫁接育苗。具体可参见本书第三章第三节内容。

2. 温度管理

播种后苗床温度白天要保持在 25~30 ℃，夜间保持在 15~20 ℃，80% 出苗后及时降低温度，白天保持在 20~25 ℃，夜晚保持在 12~15 ℃，防止徒长。嫁接后温度管理参见本书第三章第三节内容。

3. 光照管理

育苗期正处于低温弱光的季节，外界光照较弱，同时温室外夜晚要覆盖草帘，导致光照时间缩短，白天光照要通过温室棚膜和苗床棚膜两层塑料才能进入棚内，所以苗期光照非常弱。苗期除了嫁接苗缓苗期外都要尽量增加光照，管理上要经常清洁棚膜，白天温度允许情况下尽量去除小拱棚塑料膜，必要时采用灯泡补光等措施。

4. 水分管理

播种时浇透底水，出苗后控制浇水，到嫁接前 1~2 d 浇一次水，使幼苗胚轴含水量提高，以利于嫁接成活。嫁接后给嫁接苗浇足水分，幼苗成活去膜后，逐渐降温的同时控制水分，防止徒长。

5. 促雌处理

如果选用的品种雌花节率较低，在苗期要用乙烯利等药剂进行促雌处理，增加植株雌花数，获得较高产量。当幼苗出现 2~3 片真叶时，喷施 100~200 mg/kg 乙烯利溶液（40%乙烯利 1 mL 兑水 2~4 kg），5~7 d 后再喷一次。如果品种是雌型品种，无须处理。

三、施肥、整地、覆膜

春茬温室黄瓜生育期较长，需要充足的土壤肥力才能获得丰产。一般每亩施腐熟的有机肥 6000~8000 kg，过磷酸钙 100 kg 作基肥，深翻整平。可以做成高畦或垄。高畦畦高 10 cm，大行 70~80 cm，小行 40~50 cm。垄作的可以单垄单行栽培，垄距 70~90 cm；也可以大小垄，大垄距 70~80 cm，小垄距 40~50 cm。春茬黄瓜生产要覆盖地膜栽培，地膜可以整好地后立即覆盖，然后按照株距打定植穴，也可以定植后掏孔覆膜。先覆盖地膜的方法可以在定植前提高地温，同时膜覆盖得较紧实。

❀ 第二节　定植

一、定植时期

定植时要求温室内最低气温高于 8 ℃，最低地温高于 10 ℃，从南到北逐渐延后，一般从 12 月中下旬到翌年 2 月定植。定植时，幼苗要具有 4~5 片叶，靠接法的嫁接苗已经断接穗根。定植要选寒尾暖头的晴天进行，最好在上午完成。

二、定植方法

一般每亩栽培黄瓜 4000 株左右。由于此茬黄瓜定植时温度尚低，定植水不宜过多，一般采用穴栽。定植水最好用事先准备好的 20 ℃以上的温水。在定植穴内，每株施用约 5 g 磷酸二铵，上盖少量土壤，防止根系与肥料直接接触。黄瓜栽苗深度以苗坨与畦面相平为宜，以利于提高根区地温。摆好苗后浇水，也可以先浇水，水未渗下时栽苗。如果定植穴太小，可以等水渗下后，再浇一次水。栽好苗等水渗下后覆土封穴，采用后覆盖地膜方式栽培的，封穴后要覆盖地膜。如果温室内温度较低，可以加盖小拱棚保温，促进缓苗。

❀ 第三节　定植后的管理

一、缓苗期的管理

此期的重点是促进缓苗，白天温度保持在 25~35 ℃，夜晚温度要高于 15 ℃，可通过控制浇水、增设小拱棚、挂天幕等措施提高温度，达到缓苗期温度要求。定植时，定植水充足，一般缓苗期不用浇水。如果缓苗期水分不足，可以浇一次缓苗水，水量不宜多，以免过分降低地温不利缓苗。如果定植时温度较低或遇到寒流，可增设小拱棚，在早晚及夜晚覆盖小拱棚，提高保温性能。还可以在室内挂天幕保温。

二、抽蔓期的管理

缓苗后到根瓜收获前以促根控秧为主，根瓜膨大前一般不浇水施肥。白天温度控制在 25~30 ℃，夜间温度控制在 12~17 ℃。当根瓜伸长、瓜柄颜色转绿时，开始浇水追肥，如果结瓜正常，植株不缺水，可以在根瓜采收后再浇水追肥。肥水过早，会导致植株徒长疯秧；肥水过晚，会导致瓜坠秧。浇水要在晴天上午进行，膜下暗灌或滴灌，随水追肥。追肥可选用穴施磷酸二氢钾 5~6 g，也可每亩施用腐熟的稀粪水或硝酸铵 15~20 kg。此期要及时吊蔓，去除砧木萌芽，去除黄瓜卷须、侧枝等。

三、结果期的管理

从根瓜采收到拉秧，外界气温逐渐升高，光照强度逐渐增强、光照时间变长，此期管理的重点是加大肥水，促进早熟丰产，注意调节营养生长和生殖生长平衡。

（一）温度管理

要采用四段变温管理：9 时至 12 时温度控制在 25~30 ℃，13 时至 17 时 20~25 ℃，18 时至 24 时 15~18 ℃，0 时至 8 时 11~12 ℃。白天温室内温度超过 32 ℃时开始放风，温度降到 20 ℃时闭风，温度降到 15~17 ℃时放草帘。

（二）光照管理

随着外界温度不断升高，当最低气温超过 8 ℃时，及时去除草帘等覆盖物，增加透光面。随时清洁棚膜，增加透光率。在温室后墙张挂反光幕，增加后部植株光照。

（三）肥水管理

采收初期，每 6~7 d 浇 1 次水，清水和肥水交替进行；采收盛期，每 4~5 d 浇水 1 次，清水和肥水交替进行。追肥可根据植株情况、土壤特点等情况，选用尿素、磷酸二铵、硫酸钾、碳酸氢铵等肥料交替进行，每次每亩追肥 10~15 kg。此期还要注意叶面肥和气肥的使用。叶面肥可选用 0.2%磷酸二氢钾、0.2%尿素或叶面宝等专用叶面肥。气肥主要是施用二氧化碳气体，具体的使用时间、方法见第六章第三节相关内容。

（四）植株调整

同日光温室冬春茬黄瓜栽培，见第六章相关内容。

（五）采收

采收应在早晨进行，此时瓜条含水量高，肉质鲜嫩。摘瓜时，要轻拿轻放，不要碰掉花冠，不要漏采，及时摘掉畸形瓜。摘下的瓜整齐摆放在内裹塑料袋的纸箱内。

❀ 第四节　病虫害防治

除了容易发生日光温室冬春茬栽培病虫害外，还容易发生炭疽病。

炭疽病在各个生育期均可发病，以生长中后期较重，如果瓜条带菌，在黄瓜贮运过程中可继续发病。病原为半知菌亚门真菌瓜类炭疽菌。

（一）症状

从苗期到成株均可染病，病菌可以侵染叶片、茎、果实。幼苗期发病症状参见第三章相关内容。成株期受害，在叶片上先产生褪绿的水浸状小斑点，后扩大形成近圆形病斑，红褐色，外围一圈黄色晕圈（图7-1），以后病斑可互相汇合形成不规则大斑，后期病斑上密生小黑点（图7-2），湿度大时，有红色黏稠物溢出。环境干燥时，病斑中部易破裂穿孔（图7-3），最后叶片干枯死亡；湿度大时，植株新叶容易受害，病斑扩展快，并愈合形成褪绿大病斑，病斑形状不规则，有时病部破裂，不容易辨认。茎及叶柄受害时，在茎及叶柄上形成长圆形凹陷斑，当病斑环绕茎或叶柄一周时，造成上部枯死，茎在节结处发病时，会产生不规则黄色病斑，略凹陷，有时流胶，严重时从病部折断。果实受害，病部出现淡绿色圆形斑，稍微凹陷，病斑中部有小黑点，后期常开裂，有时产生粉红色黏稠物，干燥情况下病斑处逐渐干裂露出果肉。一般嫩果不易发病，大瓜或种瓜容易发病。

图 7-1　发病初期，病斑近圆形，外有黄色晕圈

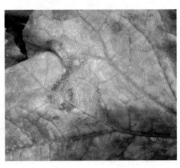

图 7-2　发病后期，病斑上部密生小黑点

图 7-3　环境干燥时，病斑中部易破裂穿孔

（二）发病规律

病菌可随病残体在土壤中越冬，种子也可带菌。病菌可借助雨水、灌溉水、昆虫及农事操作传播。病菌生长与繁殖适宜温度为 22~24 ℃，空气相对湿度达 95%以上时发病最重。

（三）防治方法

1. 农业防治

选用抗病品种，如津绿 4 号、中农 8 号等；选用无病种子，或播种前进行种子消毒；避免重茬或土壤消毒；消毒育苗场所和育苗土，预防苗期感病；增施磷、钾肥，提高植株抗病能力；随时清洁田园，减少菌源；实行高畦覆膜栽培，保护地加强通风，降低湿度，减少病害发生；农事操作要细致小心，避免伤口，减少病菌侵入口。

2. 生物防治

可喷施 2%嘧啶核苷类抗生素水剂 200 倍液，每 7~10 d 喷 1 次，连用 2~3 次。

3. 化学防治

可喷施 50%甲基硫菌灵可湿性粉剂 700 倍液+75%百菌清可湿性粉剂 700 倍液，或 40%多·福·溴菌腈可湿性粉剂 500 倍液，或 80%福·福锌可湿性粉剂 800 倍液，或 50%咪鲜胺可湿性粉剂 1500 倍液，或 25%溴菌腈乳油 500 倍液。每 7~10 d 喷 1 次，连用 2~3 次。阴雨天可使用 2%百菌清粉尘剂，每亩每次用 1 kg，每 7~10 d 喷 1 次，视病情连用 2~3 次。

第八章 日光温室秋冬茬黄瓜绿色栽培技术

日光温室秋冬茬黄瓜栽培，一般在 8 月上中旬到 9 月上旬播种，深秋和初冬开始供应市场。此茬黄瓜栽培苗期处在高温、强光季节，而后温度逐渐降低、光照逐渐转弱，与黄瓜生长发育对温度、光照的需求正好相反，各种病虫害容易发生，采收期短，产量较低。

❀ 第一节 定植前的准备

一、品种选择

应该选择前期耐热、后期耐寒、雌花节率较低、性型分化受环境影响较小、抗病、优质的品种。可选择津优 318、津优 315、津优 316、津优 5 号等品种。

二、育苗

（一）播种期

为了获得较高的经济效益，要确定适宜的播种期。如果播种太早，与秋大棚黄瓜一起上市，价格较低，同时播种早，苗期高温多雨，病害严重；如果播种太晚，虽然产品价格较高，但采收期短、产量较低。一般东北、内蒙古地区可在 8 月初到 8 月末播种，华北、西北地区可在 8 月中下旬到 9 月上旬播种。

（二）育苗方法

秋冬温室黄瓜可以育苗移栽，也可以直播。采用育苗移栽方式，秧苗可集中管理，可淘汰病苗、弱苗，幼苗质量较好；采用直播方式则较省人工，但容易徒长，且秧苗分散不便于管理。由于苗期正处于高温季节，病毒病多发，可在播种前对种子进行药剂浸种处理，消灭种子携带的病毒。可先将种子用清水浸泡，再放入 10% 的磷酸三钠溶液中浸泡 20 min，用清水洗净后播种。

1. 育苗移栽

一般要搭建小拱棚或在空闲的塑料大棚、日光温室内进行。棚室四周通风，防止徒长，上面覆盖棚膜防雨。育苗棚内摆好装好营养土的营养钵或穴盘，打足底水，然后播种。种子可以催芽后播种，也可以干籽直播。还可以先播种在育苗盘或育苗床中，然后分苗到营养钵。通过分苗，可以抑制幼苗徒长，同时去掉弱苗，使幼苗整齐一致。

2. 直播

直播法要先清洁田园，施肥、整地、做畦，然后播种。播种时，只留温室中上部塑料膜防雨，打开温室腰部以下通风。播种时，按照株距刨埯，深度 5 cm 左右即可，然后埯内浇足底水，如果埯小，可以等水渗下后，再浇一次水使底水充足。等水渗下后，在埯内播种。如果是催芽后的种子，可以每埯播种出芽后的种子 2~3 粒；如果种子没有催芽，可每埯播种饱满的种子 4~6 粒。播种时，种子间要留有一定距离，种子要播在一个水平面上。然后覆盖厚度约 2 cm 的细土，轻轻震压。

3. 苗期管理

苗期正处于高温多雨季节，应以防病、防徒长为主。苗床顶部要有塑料膜防雨,四周通风。为了降低光照,顶部塑料膜可以选旧塑料膜或在中午时用遮阳网短时间遮光。夏秋季节虫害较重,可在育苗床上覆盖防虫网,减少病害。苗期要保证土壤见干见湿,小水勤浇。还要注意随时除草和防治病虫害。此期正处于高温长日照季节,不利于雌花形成。如果选用的品种是普通花型,应在苗期喷施乙烯利促进雌花分化;如果品种是雌型品种,则无须处理。

三、整地做畦

可以每亩施用4000~5000 kg腐熟的有机肥,过磷酸钙约50 kg,磷酸二铵50~100 kg,深翻细耙,做成垄或畦。可以做成高畦或垄。高畦畦高10 cm,大行70~80 cm,小行40~50 cm。垄作的可以单垄单行栽培,垄距70~90 cm;也可以大小垄,大垄距70~80 cm,小垄距40~50 cm。有机肥撒施,化肥可以深施在定植沟下。

❀ 第二节 定植或定苗

一、定植密度

根据品种特性、土壤条件、市场需求,确定适宜的定植密度。开张角度小、叶片较小、主蔓结瓜、土壤肥沃、追求前期产量的密度可以大些;开张角度大、叶片肥大、主侧蔓结瓜、土壤贫瘠、追求总产量的密度应该小些。一般每亩栽培黄瓜3700~4500株。

二、定植时间与方法

采用育苗移栽的，当幼苗具 2~3 片真叶时定植，如果幼苗偏大，根系和叶片都较大，定植时伤根明显，定植后蒸腾量大，不利于缓苗。定植应选阴天或晴天 15 时以后进行，否则光照太强容易伤苗。一般采用开沟栽培，可在株间点施 5 g 左右磷酸二铵或复合肥。开沟后，可先将幼苗从育苗容器中取出，按照株距在沟内摆好，然后在沟内浇足定植水，水渗下后覆土，覆土与幼苗土坨相平即可。也可以先在沟内浇水，然后按照株距栽苗，水渗下后覆土。

三、定苗时间与方法

采用直播方式的，当幼苗叶子互相遮挡时，应进行间苗，当幼苗具 2~3 片真叶时定苗，每埯留 1 株苗。间苗和定苗时，要淘汰弱苗、病苗。

❀ 第三节　定植后的管理

一、前期管理

从定植或播种到根瓜膨大的一段时期。此期处在高温多雨季节，要注意通风降温。如果光照太强，而棚室通风能力又有限，应该采用遮阳网遮光的做法来降低光照、温度，创造适宜秧苗生长的环境条件。可以在温室外覆盖遮阳网降低光照强度（图 8-1）。也可以在棚膜上喷施减弱光照的专用产品"立凉"（图 8-2），这种物质可以在一定时间后自动降解，恢复棚膜的透光性。

有的地方为了降低成本，用稀泥糊在棚膜上（图8-3）来降低光照强度。

图8-1　温室外覆盖遮阳网　　图8-2　棚膜上喷施"立凉"后，
透光率降低

图8-3　棚膜上糊稀泥

（一）缓苗期管理

从定植到幼苗有新叶产生、叶片变大为缓苗期。此期要保证通风，防止塑料膜滑下导致温度过高。如果幼苗较大且使用新棚膜，定植后光照很强、温度很高，幼苗蒸腾量很大，适宜用遮阳网在中午短时间遮光，以降低光照强度和温度，促进缓苗。缓苗期间由于温度高，幼苗蒸腾量很大，一般要浇2~3次水，浇水要在早晚进行，水量不宜过大，水面与植株基部刚刚接触即可。缓苗期要及时除草、松土。

（二）抽蔓期管理

从缓苗或直播出苗后到根瓜膨大为抽蔓期。此期温度仍较高，应打开通风口，昼夜通风（图8-4）。缓苗后，采用遮阳网的应该逐渐去掉遮阳网，使秧苗适应光照条件。由于此时温度较高、光照较强，要根据植株情况适当浇水，水量不宜过大。既要防止植株缺水，无法满足生长需求，也要防止灌水太多，使植株徒长。当根瓜伸长、瓜柄颜色转绿时，开始浇水追肥。如果结瓜正常，植株不缺水，可以在根瓜采收后再浇水追肥。如果肥水过早，植株徒长疯秧；肥水过晚，会导致瓜坠秧。浇水要在晴天上午进行，随水追肥。追肥每亩可选用磷酸二铵或硫酸铵15~30 kg。此期要及时布置吊绳、绑蔓、除草，同时防止植株被雨水淋湿，注意防治病虫害。

图8-4　秋冬茬抽蔓期加大通风量

二、结果期管理

（一）温度管理

此期外界温度逐渐降低，应逐渐减少通风时间，中后期及时增加草帘等设施。当夜温降到15 ℃以下时，夜晚要闭风一段时间，使白天温室温度达到25~30 ℃，夜间温室温度要高于12 ℃。当温室夜温降到12 ℃时，开始覆盖草帘，使夜间最低气温高于

12 ℃。通过调整通风、闭风及揭、盖草帘时间，使温室内温度达到四段变温管理的要求。

（二）肥水管理

采收前期，光照强、温度高、通风量大，土壤水分蒸发量大，要勤浇水，水量要大些，每5~6 d浇1次水，每隔1~2次水追肥1次。采收中后期，外界光照减弱、温度降低，要逐渐减少浇水追肥次数和用量，一般10~12 d浇1次水，每隔1~2次水追肥1次。到后期一般停止根部追肥，可进行叶面追肥，补充营养。追肥可选用尿素、硫酸铵、磷酸二铵等，每次每亩施尿素10 kg左右，或硫酸铵20 kg左右，或磷酸二铵20 kg左右。各种肥料要交替施用。

（三）植株调整

普通花型品种可将10节以下侧枝尽早去除，上部侧枝见瓜后留1~2片叶摘心，秧满架后及时打顶，促进回头瓜产生；雌型品种可将所有侧枝去除，植株长到一定高度后落蔓，一直利用主蔓结瓜。此期要及时去除病叶、老叶，及时拔除杂草，促进通风透光。

（四）采收

根瓜要适时采收，植株营养生长过旺的徒长株可适当晚采；否则要及时采收。采收前期，温度、光照等条件较适合黄瓜生育需要，黄瓜产量较高、品质较好，采收频率也高，一般每天早晨采收1次。采收后期，外界温度逐渐降低，黄瓜产量也逐渐降低，逐渐减少采收次数。

🍀 第四节　病虫害防治

秋冬茬日光温室栽培病虫害较重，要特别重视病虫害防治。此茬黄瓜很早就容易发生病毒病、白粉病，中后期容易发生霜霉病、细菌性角斑病、灰霉病、蔓枯病、菌核病等病害。全程容易发生蚜虫、温室白粉虱、潜叶蝇、红叶螨等虫害。

一、靶斑病

靶斑病又称为褐斑病、棒孢叶斑病，俗称"黄点病""点子病"。其发病迅速，危害较大。病原为真菌界半知菌亚门多主棒孢霉［*Corynespora cassiicola* (Berk. & Curt.) Wei.］。

（一）症状

主要为害叶片，严重时可为害叶柄和茎蔓。叶片大面积发病后，远远望去植株黄斑累累，危害较重，一般可造成减产 10%～30%。病斑直径 3～30 mm，高温高湿时易形成大病斑，干燥时易形成小病斑。小斑型的黄瓜靶斑病被农户称为"黄点病""点子病"等，先形成黄褐色有晕圈的芝麻大小水渍状斑点，病健交界处明显，病斑处偶有穿孔，严重时一个叶片上有数十个至数百个病斑（图 8-5），湿度大时，叶背有浸润斑（图 8-6），常被误诊为细菌性斑点病；后期小黄点病斑常密集相连。大斑型靶斑病多为不规则形病斑，病斑灰白色（图 8-7），后期形成大面积叶片干枯（图 8-8）。有时大斑型与小斑型混合发生。靶斑病后期造成植株叶片枯萎，提前拉秧（图 8-9）。

图 8-5　叶正面症状，病斑带有晕圈　　　　图 8-6　叶背面症状

图 8-7　大斑型靶斑病病斑较大　　　　图 8-8　后期大面积叶片干枯

图 8-9　靶斑病后期叶片枯萎，
提前拉秧

（二）发病规律

黄瓜及砧木南瓜种子都可带菌。留存在病残体或土壤中的病菌、种子及南瓜田的病菌均可成为侵染源。病菌借风、雨、灌溉水及农事操作传播。一般下部叶片先发病，逐渐向上扩展，除心叶外都可发病。昼夜温差大、光照不足、叶面结露条件下容易发病。

（三）防治方法

1. 农业防治

与非瓜类作物进行 3 年以上轮作，不要与南瓜邻作；对黄瓜及砧木种子进行温汤浸种，消灭种子携带的病菌；要加强通风透光，降低湿度。

2. 化学防治

发现病害，及时喷药防治。可喷洒 75% 百菌清可湿性粉剂 800~1000 倍液，或 50% 福美双可湿性粉剂 800~1000 倍液，或 25% 咪鲜胺乳油 1300~1500 倍液，或 50% 啶酰菌胺水分散粒剂 1000 倍液，或每亩喷施 42.8% 的氟菌·肟菌酯悬浮剂 17 mL，每 7~10 d 喷 1 次，视病情连用 2~4 次。

二、灰霉病

灰霉病主要在保护地发生，并随着设施蔬菜生产的发展而日益严重。病原为半知菌亚门葡萄孢属真菌灰葡萄孢菌（*Botrytis cinerea* Pers.）。

（一）症状

主要为害果实。病菌从开败的雌花侵入，雌花受害后花瓣腐烂，并长出灰褐色霉层（图 8-10）。病菌向果实发展，致使果实脐部呈水浸状，灰绿色，病部萎缩呈现尖瓜状，湿度大时病部长满灰色霉层。为害雌花可造成化瓜（图8-11），为害果实可导致畸形果（图8-12）。脱落的病瓜或病花接触叶片可导致叶片感染（图8-13），染病初期病部呈水浸状不规则形病斑（图8-14），湿度大时病斑迅速扩展成大斑，病部具明显轮纹（图8-15），病部变黄、软腐，湿度大时可见浅灰色霉层。脱落的病瓜或病花附着在茎上时，可引起茎部发病，导致茎节腐烂、折断、长满灰色霉层，最终引起植株枯死（图8-16）。

图 8-10　花瓣腐烂，长出灰褐色霉层　　图 8-11　雌花感病，造成化瓜

图 8-12　导致畸形果　　　　图 8-13　脱落的病花接触叶片

可导致叶片感染

图 8-14　叶片初侵染形成不规则形病斑

图 8-15　湿度大时，病斑扩展迅速，扩展成大斑，病部具明显轮纹

图 8-16　茎蔓感病，茎节布满灰色霉层，最终导致植株枯死

（二）发病规律

病菌在病残体或土壤中越冬，靠气流、雨水、灌溉水及农事操作传播。病菌侵染能力弱，一般多通过伤口、薄壁组织，特别是败花、老叶的先端坏死处侵入。病菌生长与繁殖的适宜温度为18~23 ℃，适宜的相对湿度为90%以上，所以在低温高湿条件下容易发病。

（三）防治方法

1. 农业防治

选用抗病品种，如津优 1 号、中农 8 号等；实行轮作或土壤消毒；及时摘除败花，深埋或烧掉，减少病菌与病菌入侵通道；

通过调控温、湿度控制病害发生，该病在气温高于 25 ℃时发病明显减轻，高于 30 ℃不发病，白天提高棚室温度可有效控制灰霉病的发展，及时放风或铺地膜可降低空气湿度，减少结露时间，降低病菌侵染；加强采收期管理，增施磷、钾肥，提高植株抗性；及时摘除病叶、病瓜，减少田间病源。

2. 生物防治

可用 2%武夷霉素水剂 200 倍液，每 7 d 喷 1 次，连用 2~3 次。

3. 化学防治

灰霉病发病前和发病初期采用烟雾剂或粉尘剂预防，烟雾剂可选用 40%腐霉·百菌清烟剂，或 40%百菌清烟剂，或 40%异菌·百菌清烟剂，每亩每次用 250~350 g，熏烟 4~5 h，每 7 d 用 1次，连用 2~3 次；粉尘剂可用 5%百菌清粉尘剂，于傍晚闭棚喷撒，每亩每次用 1 kg，每 7~10 d 用 1 次，连用 2~3 次。发病期间可采用药剂进行喷施或蘸花，可用 50%腐霉利可湿性粉剂 1000倍液，或 50%异菌脲可湿性粉剂 1000 倍液，或 50%乙烯菌核利可湿性粉剂 1000 倍液，或 50%啶酰菌胺水分散粒剂 1000 倍液，或25%啶菌噁唑（菌思奇）乳油 750 倍液。上述农药应交替使用。

三、菌核病

菌核病在秋冬茬温室栽培中后期最易发生。病原为核盘菌 [*Sclerotinia sclerotiorum* (Lib.) de Bary.]，属子囊菌亚门真菌。

（一）症状

叶片、瓜条、花朵、茎蔓均可染病。叶片染病先出现水浸状褐色病斑，然后迅速软腐，湿度大时产生白色菌丝。瓜条染病先出现水浸状腐烂，呈黄褐色，表面产生白色菌丝（图 8-17），后期形成鼠粪状黑色菌核（图 8-18）。花朵染病，发生腐烂并密生白色菌丝（图 8-19）。茎蔓染病先出现褐色水浸状病斑，随后病斑扩大、病部软腐，茎表面密生白色菌丝（图 8-20），最后茎干枯，病部出现菌核，病部以上茎蔓、叶片枯死（图 8-21）。

图 8-17　果实发病初期，
产生白色菌丝

图 8-18　进一步发展，出现黑色颗粒状
菌核，呈鼠粪状

图 8-19　花朵染病后，
腐烂并密生白色菌丝

图 8-20　茎蔓染病，病部腐烂并密生白色菌丝

图 8-21 茎蔓染病，造成病部以上茎蔓枯死

（二）发病规律

菌核遗留在土中，或混杂在种子中越冬或越夏。混在种子中的菌核，可随播种操作进入田间。土中或播种带入的菌核遇适宜温、湿度条件即萌发，产出子囊盘，散放出子囊孢子，子囊孢子随气流传播蔓延，侵染衰老花瓣或叶片，长出白色菌丝，开始为害柱头或幼瓜。被侵染的雄花落在叶片或茎上经菌丝接触，易引起发病，并以这种方式重复侵染。相对湿度高于 85%、温度 15~20 ℃利于菌核萌发和菌丝生长，以及侵入及子囊盘产生。因此，低温、高湿或多雨的早春或晚秋常常发生和流行该病。

（三）防治方法

1. 农业防治

实行水旱轮作或与非瓜类蔬菜轮作；对种子进行温汤浸种消毒。

2. 化学防治

对染病茎部采用局部涂抹法进行防治，用小刀将病部菌丝及腐烂组织刮掉，然后用多菌灵原药或异菌脲原药直接涂抹。发病前和发病初期，采用烟雾剂或粉尘剂预防，每 7~10 d 用 1 次，连用 2~3 次。烟雾剂可选用 10% 腐霉利烟剂，每亩每次用 500 g；粉尘剂可用 5% 百菌清粉尘剂，每亩每次用 1 kg。发病期间，可喷施 50% 腐霉利·多菌灵可湿性粉剂 1000 倍液，或 50% 异菌脲可湿性粉剂 1000 倍液，或 50% 乙烯菌核利可湿性粉剂 800 倍液，或 25% 咪鲜胺乳油 1000~1500 倍液喷施。上述农药应交替使用。

四、煤污病

病原为煤污尾孢（*Cercospora fuligena* Roldan），属半知菌亚门真菌。

（一）症状

发病初期，叶片上有灰黑色至炭黑色菌落发生，分散在叶片正面（图 8-22）。发病后期，菌落布成片或布满整个叶片（图 8-23）。煤污病多在叶片正面发生，严重时叶背面也可发生（图 8-24），最后造成叶片干枯（图 8-25）。

图 8-22　发病初期，叶片上有分散的　　图 8-23　发病后期，菌落布成片
　　　　　黑色菌落

图 8-24　叶片背面症状

图 8-25　最后叶片干枯

（红圈内叶片）

（二）发病规律

病菌在病残体或土壤中越冬，环境适宜时产生分生孢子，借助风雨及瓜蚜、介壳虫、白粉虱等传播。高温、高湿、弱光的条件发病较重。一般先从下部叶片发病。

（三）防治方法

1. 农业防治

轮作或更换土壤；加强栽培管理，注意降低湿度；及时防治各种传播病菌的害虫。

2. 化学防治

发病时要及时喷药，可喷施 40%多菌灵胶悬剂 600 倍液，65%甲霜灵可湿性粉剂 500 倍液，或 50%甲基硫菌灵·硫黄悬浮剂 800 倍液，每 7 d 喷 1 次，视病情连用 2~3 次。

五、细菌性缘枯病

以保护地发生为主，可造成减产甚至绝收，危害较大。病原为边缘假单胞菌边缘假单胞致病型 [*Pseudomonas marginalis* pv. *marginalis* (Brown) Stevens]，属细菌。

（一）症状

多在成株期发病，主要为害叶片，也可侵染其他地上部位。

多从下部叶片开始发病，在叶缘水孔附近产生水浸状小斑点，病斑不断扩大形成灰白色或淡褐色不规则病斑，病斑外常带有晕圈。病斑很少引起穿孔，与健部交界处呈水浸状。病斑多沿叶缘形成环状病斑，也可从叶缘向中间扩展形成 V 形大病斑（图 8-26）。湿度大时，病部常溢出菌脓，干燥时菌脓呈白色薄膜或白色粉末。病斑进一步发展，最后造成整个叶片干枯，严重时全株叶片干枯（图 8-27）。

图 8-26　从叶缘向中间扩展　　　图 8-27　严重时，植株下部
　　成 V 形大病斑　　　　　　　　　叶片干枯

（二）发病规律

病菌在病残体或种子上越冬，成为翌年初侵染源。病菌借助雨水、灌溉水、风或农事操作传播，通过气孔、水孔及自然伤口侵入植株。种子带菌可远距离传播。在空气相对湿度 70% 以上或叶面有水膜时极易发病，属于低温高湿病害，叶缘吐水可为该病菌活动及入侵提供有利条件。

（三）防治方法

参见第四章细菌性角斑病。

六、生理充水

秋冬茬生产容易出现生理充水。

（一）症状

早晨解开草苫后，在黄瓜叶背面可见污绿色圆形小斑或受叶脉限制的多角形斑（图 8-28），较轻时仅在叶缘发生充水（图8-29），严重时叶片大叶脉间形成大面积充水斑，湿度大时可见有水滴附着在叶片上（图 8-29）。生理充水和细菌性角斑病、霜霉病病斑相近，但生理充水多在植株的相同部位叶片上均匀发生，无霉层、无穿孔，在温度升高后会慢慢消失。

图 8-28　叶片背面形成受叶脉限制的多角形斑　　**图 8-29　较轻时，仅在叶缘发生充水**

（二）病因

一般在温室覆盖薄膜但未覆盖草苫前，当连续阴天时，棚室不能通风，而此时地温较高，根系吸水能力强，但温室气温较低，空气相对湿度大，叶片蒸腾作用受到抑制，使细胞内水分进入细胞间隙，导致生理充水。

（三）防治方法

及时覆盖草苫，增加棚室保温能力。

七、高温障碍

（一）症状

设施黄瓜普遍中上部叶片黄化而下部叶片正常，中上部叶片叶脉间叶肉褪绿，形成黄色斑驳，叶片部分或整个叶片褪绿黄化

（图 8-30）。

（二）病因

早春或越冬栽培的设施黄瓜进入 6 月、7 月的高温季节后，棚室内温度经常接近 40℃，长期处于高温强光条件。同时，植株生长已经进入后期，植株茎蔓很长、根系老化。这些都可导致叶片黄化。

图 8-30　中上部叶片黄化

（三）防治方法

夏季尽量通风降温，也可在中午用遮阳网遮光或喷施"立凉"、抹稀泥来降低光照。

喷施叶面肥来提高植株抗性。

适时拉秧，进行下茬生产。

八、朱砂叶螨

朱砂叶螨又名红叶螨、红蜘蛛。

（一）症状

幼嫩部位受害，以成螨或幼螨群集在植株幼嫩部位刺吸为害，受害部位叶片扭曲变形，叶片僵硬（图 8-31），严重时可导致花打顶（图 8-32）。叶片受害，以若虫或成虫聚集在叶背，在叶背面吐丝结网（图 8-33），刺吸植物汁液，并分泌有害物质，有害物质进入寄主体内，导致寄主生理代谢出现紊乱，黄瓜叶片先出现灰白色或淡黄色小点（图 8-34、图 8-35），严重时整个叶片布满蛛网，叶片呈灰白色或淡黄色（图 8-36），干枯脱落，植株枯死，影响产量。

图 8-31　幼叶扭曲变形，
僵硬

图 8-32　生长点不舒展，
花打顶

图 8-33　在叶背面吐丝结网

图 8-34　初期叶片正面出现白色
或淡黄色小点

图 8-35　受害叶片背面
出现小点

图 8-36　严重时，叶面布满蛛网，
呈灰白色或淡黄色叶片干枯

（二）发生规律

成虫、若虫靠爬行或吐丝下垂近距离扩散，借风、农事操作进行远距离传播。瓜田受害先是个别植株受害，成为中心受害株，然后成虫、若虫不断繁殖扩散，造成虫害在田间成片发生。高温低湿条件下容易发病，干旱年份容易大面积发生。

（三）防治方法

1. 农业防治

秋末及时清洁田园，深翻田地，减少虫源与越冬寄主；冬季进行冬灌，降低越冬虫口基数；早春清除田边杂草及残枝败叶，减少越冬的虫源；与十字花科或菊科作物轮作、邻栽。

2. 化学防治

发现虫害，及时喷药防治，可用 5% 噻螨酮可湿性粉剂（对成螨无效）1500~2000 倍液，或 20% 双甲脒乳油（对越冬卵无效）1000~1500 倍液，或 73% 炔螨特乳油（对卵效果差）2000~3000 倍液，或 35% 阿维·炔螨特乳油 1200 倍液，25% 灭螨猛可湿性粉剂 1000~1500 倍液，2.5% 天王星乳油 1500 倍液。以上药剂要交替使用，每 7~10 d 喷 1 次，连用 2~3 次。

九、瓜绢螟

（一）症状

成虫体长 10~11 mm，翼展 25 mm（图 8-37），夜间活动。主要以幼虫为害瓜类植物。初卵幼虫具有群集性，在叶背面取食叶肉，遇惊后即吐丝下垂（图 8-38）转到其他地方为害；3 龄后幼虫吐丝将叶片左右缀合（图 8-39），或将叶片和嫩梢缀合（图 8-40），匿居其中取食瓜叶；4~5 龄幼虫耐药性强，且食量最大，食量占幼虫期食量的 95%；老熟幼虫主要在瓜架竹竿顶节内、瓜架草索之中作白色茧化蛹。幼虫主要为害黄瓜叶片，将叶片咬成孔洞或缺刻（图 8-41），叶片被咬成的孔洞和黄瓜黑星病症状

（参见图6-49、图6-50）相似，要加以区分。幼虫为害叶片严重时仅余主叶脉（图8-42），最后可造成整片叶片及龙头枯死（图8-43）。幼虫也可蛀入果实或藤蔓为害，影响果实品质与产量。

图8-37　成虫形态特征

图8-38　幼虫遇惊后吐丝下垂

图8-39　扒开缀合叶片，可见幼虫

图8-40　嫩梢和嫩叶间可见
瓜绢螟幼虫

图8-41　幼虫主要啃食叶肉，
造成孔洞

图8-42　严重时，仅余主叶脉

图8-43　严重时，叶片及龙头枯死

（二）发生规律

主要分布在华东、华中、华南和西南各省，在北方仅在保护地生产中发生。幼虫发育的适宜温度为26~30℃，相对湿度为80%~84%。成虫多在夜间活动，一般将卵产在叶背面。

（三）防治方法

1. 农业防治

清洁田园，减少越冬虫口数量；设置防虫网，减少外界成虫进入棚室的机会；发现害虫可人工摘除，在幼虫期可将卷叶摘除，集中处理，消灭匿居其中的幼虫。

2. 生物防治

利用螟黄赤眼蜂等天敌防治瓜绢螟；喷施1%阿维菌素乳油2000倍液防治。

3. 化学防治

应该在1~3龄用药，4龄后耐药性增强，效果不佳。可喷施5%氟虫腈悬浮剂1500倍液，或20%氰戊菊酯乳油2000倍液防治。

十、蓟马

（一）症状

成虫（图 8-44）或若虫锉吸黄瓜嫩梢、嫩叶、花和幼果的汁液。被害嫩叶、嫩梢变硬缩小，植株生长缓慢，节间缩短。在叶片上留下多角形白色病斑，病斑分布较均匀，其中有的病斑较小（图 8-45），有的病斑较大（图 8-46）。雌花受害，柱头上形成很多凹陷点（图 8-47），造成花瓣不均匀褪色。幼果受害变硬，造成落瓜，影响质量和产量。

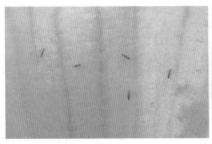

图 8-44　蓟马外形

图 8-45　锉吸叶片后形成小的
白色病斑

图 8-46　锉吸叶片后形成
较大的病斑

图 8-47　柱头形成很多凹陷点，
造成花瓣不均匀褪色

（二）发生规律

主要分布在华东、华中、华南和西南各省，在北方仅在保护地生产中时有发生。幼虫发育的适宜温度为 26~30 ℃，相对湿度为 80%~84%。成虫多在夜间活动，一般将卵产在叶背面。

（三）防治方法

1. 农业防治

彻底清洁田园，减少寄主和虫源；避免和瓜类、豆类、茄果类蔬菜间作、套作。采用薄膜覆盖代替禾草覆盖。

2. 生物防治

利用小花蝽等天敌防治蓟马；喷施 0.5%楝素杀虫乳油 1500 倍液，或 2.5%鱼藤酮乳油 500 倍液防治。

3. 物理防治

保护地设置防虫网，减少外界成虫进入棚室的机会；悬挂蓝板诱杀蓟马。

4. 化学防治

应早期防治，可喷施 25%噻虫嗪水分散剂 6000 倍液，或 10%吡虫啉可湿性粉剂 2500 倍液，或 25%吡·辛乳油 1500 倍液，或 5%氟虫腈悬浮剂 2500 倍液，或 10%氯氰菊酯乳油 2000 倍液，或 2.5%多杀霉素悬浮剂 1000~1500 倍液。以上药剂要交替使用，每 10 d 喷 1 次，连用 2~3 次。其中吡虫啉和多杀霉素联用效果最好。

第九章　塑料大棚春茬黄瓜绿色栽培技术

塑料大棚春茬黄瓜生产的前期价格较高，后期受露地黄瓜上市影响，价格开始回落，所以前期产量对生产效益贡献较大，要特别重视前期产量。

❀ 第一节　定植前的管理

一、品种选择

选择早熟性好、有一定耐低温能力、抗病、丰产、商品性好的品种。可选择津优 318、津优 358、绿园 1 号、绿园 36、京研 2366、绿剑、烟台白黄瓜、吉杂 9 号、吉杂 16 号、中农 29 号、绿园 7 号、龙园翼剑、东农 808、东农 816 等品种。

二、育苗

多在日光温室或大棚内育苗，若在大棚内育苗，应该增设小拱棚及草帘等保温设施。一般育成 3~4 片真叶的苗，需 35~45 d。为了追求前期产量，也可以育成 6~7 片真叶的大苗，需 60 d 以上（图 9-1），这样定植后不久即可采收果实。如果育成 3~4 片真叶的苗，一般东北北部及内蒙古地区在 3 月上旬播种；东北南部、华北及西北地区在 2 月播种。定植前一周，锻炼幼苗，加大通风量，降低温度，夜间温度降到 8~10 ℃，并有 1~2 d 经受 5 ℃左右的短时间低温锻炼。定植前 2 d，可以结合苗情，集中进行叶面补肥和病虫害防治。

图 9-1　为追求前期产量，育大苗

三、整地施肥

为了提高地温，应该提早扣棚，最好能够提前 1 个月扣棚。每亩施腐熟的有机肥 5000~7000 kg、过磷酸钙 100 kg 作基肥，深翻做畦。可以做成高畦或平畦，高畦有利于提高土温，平畦更容易浇水。

❖ 第二节　定植

一、定植时期

要求大棚内 10 cm 土层的地温稳定在 10 ℃以上，最低气温在 5 ℃以上时方可定植。定植要选寒尾暖头的晴天上午进行，最好能在上午完成定植。

二、定植方法

最好定植前 1 d 将幼苗运到定植棚内，方便第 2 d 上午完成定植。可以埯栽，也可以沟栽。采用先铺地膜后打定植穴的，埯比较小，装水有限，定植时可浇两遍定植水，以保证定植水充足。采用后铺地膜或不设地膜的，可以采用沟栽，按照株距将苗摆好，然后浇水。定植水不宜过多，以免降低土温。定植时每亩可施肥 25~30 kg。采用埯栽的，可以在埯内施磷酸二铵或复合肥，上盖少许土壤，防止肥与根直接接触，然后栽苗。采用沟栽的，可以在幼苗间撒施磷酸二铵或复合肥。摆好苗、施好肥、浇足定植水后可以封埯、封垄。

🍀 第三节　定植后的管理

一、缓苗期的管理

定植后 5~7 d 为缓苗期。此期以升温促缓苗为主，应尽量提高棚内温度。定植后 2~3 d 一般不放风，利用高温高湿条件促进缓苗。此后，如果棚内温度超过 35 ℃，可在中午背风侧通风，防止叶片灼伤。遇到寒潮时可在棚内增设小拱棚（图 9-2）、天幕（图 9-3）保温，或在棚外四侧加草帘保温。没有设地膜栽培的，在缓苗期要及时中耕松土，增温保墒。定植后 5~7 d 当心叶长出后，说明幼苗已缓苗，要及时浇缓苗水，水量不宜过大。结合苗情，可随水追促苗肥。可以每亩用硝酸铵 5 kg 左右。

图9-2　定植后加盖小拱棚

图9-3　设置天幕保温

二、抽蔓期的管理

从缓苗后到根瓜膨大为抽蔓期。抽蔓期以促根控秧为主，一般不浇水，以中耕为主。不控苗容易营养生长过旺，发生徒长，引起化花、化果；而过度控苗容易出现花打顶现象。一般当根瓜变粗、颜色变深时，停止控苗，开始追肥浇水。此期外界温度尚低，应该选晴天上午浇水。追肥可选用穴施磷酸二氢钾 5~6 g，也可每亩施用腐熟的稀粪水或硝酸铵 15~20 kg。此期要求白天温度保持在 30~32 ℃，夜间温度保持在 12~15 ℃，当棚内温度达 32 ℃时开始通风，午后温度降到 25 ℃以下时闭风，通风应以腰部通风为主（图9-4）。缓苗后，应及时进行吊蔓、插架、绑架等。为了促进根系和主蔓生长，10节以下侧枝应该尽早打掉。上部侧枝是否打掉要根据植株生长情况，叶腋有主蔓瓜的应该打掉，没有主蔓瓜的侧枝可保留，结 1 条瓜后，上边留 1~2 片叶摘心。如果下部有病叶、老叶，要及时打掉。

图9-4　春冷棚抽蔓期通腰风

三、结果期的管理

从根瓜采收到拉秧为结果期。此期营养生长和生殖生长都处于盛期，外界温度、光照等条件也很适合黄瓜生长，应供给黄瓜充足的肥水条件，以达到高产高效。采收初期，植株尚小，结瓜数少，外界温度低，通风量较小，所以浇水次数和水量都应少些，一般每5~7 d浇1次水，浇水宜在晴天上午进行。结果盛期，植株高大，结瓜数增多，外界温度升高，通风量加大，需要肥水较多，一般3~4 d浇1次水，每隔1次清水，随水追肥1次。追肥可选用腐熟的稀粪或各种化肥，如尿素、硝酸铵、硫酸钾等。最好交替使用有机肥与化肥，每次每亩施用稀粪水500~1000 kg或尿素10 kg或硝酸铵15 kg。结果盛期，可采用叶面追肥，每7~10 d喷施0.2%的磷酸二氢钾等叶面肥1次。此期温度管理要采用四段变温管理，9时至12时温度控制在30~32 ℃，13时至17时20~25 ℃，18时至24时15~20℃，0时至8时11~15 ℃。

根瓜要及时采收，防止坠秧。结果初期，每2~3 d采收1次；结果盛期，晴天每天采收，阴雨天每2~3 d采收1次。采收应该在早晨进行，要细致操作，防止漏采，及时采掉畸形瓜。

当植株长到25片叶时，可以摘心，促进产生回头瓜；雌型品种也可以落蔓，同时去除侧枝，一直利用主蔓结瓜。及时打掉病叶、老叶，一方面可以增加通风量、透光率，减少病原体，减少病害发生；另一方面可以减少养分浪费。

❀ 第四节　主要病虫害防治

此期也是病虫害多发时期，要加强病虫害防治。春季塑料大棚前期容易发生霜霉病、枯萎病、疫病、黑星病等病害，后期容易发生枯萎病、白粉病、霜霉病、细菌性角斑病等病害。整个生育期容易发生温室白粉虱、潜叶蝇、瓜蚜、红叶螨等虫害。

一、疫病

黄瓜疫病俗称"死藤""烂秧"，是黄瓜的一种土传病害，条件适宜时，蔓延很快，常猝不及防。病原为鞭毛菌亚门真菌甜瓜疫霉菌（*Phytophthora melonis* Katsura）。

（一）症状

幼苗及成株均可发病，能侵染叶片、茎蔓、果实等。幼苗发病多从嫩尖开始，初呈暗绿色水浸状萎蔫，病部缢缩（图9-5），病部以上可干枯呈秃尖状。子叶发病，叶片上形成形状不规则的褪绿斑，湿度大时很快腐烂。成株期发病可导致茎基部、茎蔓结节和叶柄处发病，其中主要在茎基部发病。发病初期，在茎基部出现水浸状病斑，并快速缢缩（图9-6），使输导功能丧失，导致地上部分迅速萎蔫呈青枯状（图9-7），但维管束不变褐色。湿度大时，病部表面长出稀疏白色霉层（图9-8），并迅速腐烂。茎蔓结节和叶柄处发病，出现暗绿色水浸状软腐，湿度大时迅速发展包围整个茎，病部明显缢缩（图9-9），病部以上叶片萎蔫。叶片染病，形成圆形或不规则形水浸状大病斑，边缘不明显，扩展快、干燥时呈青白色（图9-10），湿度大时病部产生白色菌丝。果实染病，形成水浸状暗绿色病斑，略凹陷，湿度大时，病部产生灰白色霉层，瓜软腐，有腥臭味。

图 9-5　苗期发病导致病部缢缩

图 9-6　出现水浸状病斑，
并快速缢缩

图 9-7　春季定植不久发病，
茎基部缢缩，植株呈青枯状

图 9-8　湿度大时，病部长出稀疏
白色霉层

图 9-9　茎蔓结节和叶柄
染病后缢缩

图 9-10　感染疫病后，叶片迅速
干枯

（二）发病规律

病菌随病残体在土壤中越冬，病菌通过雨水、灌溉水、气流等传播，发病的适宜温度为 28~30 ℃，释放游动孢子需要水，所以低温降水和高温高湿条件下，发病极为迅速，危害严重。一般在田间干旱条件下，病情发展较慢，浇水后病情发展迅速，植株很快死亡。

（三）防治方法

1. 农业防治

选用抗病品种，如津优 2 号、津优 3 号、中农 13 号等；采用嫁接育苗；选用无病土育苗和与非瓜类作物实行 3 年以上轮作；加强栽培管理，培育壮苗，采用高畦栽培，地膜覆盖，露地栽培要排水通畅，控制浇水，避免大水漫灌，叶片上无水膜时再进行农事操作等；发现病株及时拔除。

2. 化学防治

种子消毒，用 25% 甲霜灵可湿性粉剂 800 倍液，或 72.2% 霜霉威水剂 800 倍液浸种 30 min。苗床消毒，每平方米苗床用 25% 甲霜灵可湿性粉剂 8 g，与土拌匀撒在苗床上。保护地土壤消毒，在定植前用 25% 甲霜灵可湿性粉剂 750 倍液喷淋地面。发现中心，要及时拔除，然后立即用药，可用 72.2% 霜霉威水剂 600~800 倍液，或 64% 噁霜·锰锌可湿性粉剂 500 倍液，或 72% 霜脲·锰锌可湿性粉剂 700 倍液，或 75% 百菌清可湿性粉剂 600 倍液，或 53% 甲霜·锰锌水分散粒剂 500 倍液，采用喷、灌结合的方法进行防治，先灌后喷，每株灌根 0.2~0.3 L，每 7 d 左右灌 1 次，连灌 3~4 次。以上农药要交替使用。

二、蔓枯病

蔓枯病为土传病害，秋露地及秋大棚、日光温室栽培较容易发病，其发生严重程度与年份有关。病原为甜瓜球腔菌［*Myco-sphaerella melonis*（Pass.）Chiu et Walker］，属子囊菌亚门真菌。

（一）症状

多在成株期发病，主要为害叶片和茎蔓，也可为害果实。叶部受害，初期病斑近圆形、半圆形或自叶缘向内呈 V 形，淡褐色或黄褐色，上生许多黑色小点，病斑直径 1.0~3.5 cm，少数更大，可达半个叶片，后期病斑易破碎。茎蔓染病大多在节部，出现椭圆形或梭形病斑，白色至黄褐色，病斑逐渐扩展，有时可长达几厘米，表皮可开裂，病部粗糙（图9-11），有时伴有透明胶体流出（图9-12），发病后期，病部呈黄褐色，逐渐干缩，湿度大时病部有白色霉层产生（图9-13），最后病部呈乱麻状，严重时茎蔓腐烂（图9-14），也可造成茎节处折断，最后导致全株枯死（图9-15）。此病与枯萎病区别之处是维管束不变褐色，也不为害根部。此病为害果实，在幼果期即可被感染，果肉软化（图9-16），一般先从果脐处发病，染病处容易流出液体（图9-17），感染后容易腐生其他真菌（图9-18）。

图9-11　茎部病斑白色至黄褐色，长达几厘米，表皮常开裂，病部粗糙

图9-12　结节处发病，有透明胶体流出

图9-13　湿度大时，感病茎蔓可产生白色霉层

图9-14　严重时，茎蔓腐烂

图9-15　全株枯死

图9-16　果实染病，导致软腐

图 9-17　染病处容易流出液体　　图 9-18　染病处容易腐生其他真菌

（二）发病规律

病菌在病残体、土壤、架材和种子上越冬，成为翌年初侵染源。通过雨水、灌溉水、农事操作进行传播，多通过气孔、水孔或伤口侵入植株。病菌喜欢温暖高湿的条件，在温度为 18~25 ℃，土壤、空气湿度大时容易发病。茎基部发病和土壤水分含量有关，土壤湿度大或田间积水，容易导致茎基部发病。连作，氮肥过多或肥料不足，植株长势弱，露地栽培排水不畅，保护地栽培空气湿度过大、光照弱等条件，均易引起发病。

（三）防治方法

1. 农业防治

选用抗病品种，如津优 3 号、中农 13 号等；进行种子消毒；与非瓜类作物实行 2~3 年轮作或进行土壤消毒；清洁田园，减少初侵染源；采用高畦地膜覆盖栽培法，减少土壤中病菌溅射到植株茎叶上的机会；加强栽培管理，培育壮苗，施足基肥，及时排水，采用膜下灌水，避免大水漫灌，保护地要加强通风透光；彻底清除病叶、病蔓。

2. 化学防治

种子消毒，用占种子质量 0.3% 的 50% 福美双拌种。棚室消毒，定植前用 5% 菌毒清水剂 150 倍液，或 50% 咪鲜胺可湿性粉剂 1500~2000 倍液喷洒棚室内的土表、架材、墙壁。发现病株后及时用药，常用药剂有 75% 百菌清可湿性粉剂 600 倍液、50% 甲基硫菌灵胶悬剂 400 倍液、65% 甲硫·乙霉威可湿性粉剂 600~800 倍液，每 5~7 d 喷 1 次，连用 3~4 次。

三、旱害

（一）症状

植株缺水，导致黄瓜叶色深绿，节间短缩，生长点（心叶）不舒展（图 9-19）或形成花打顶（参见图 6-85），植株生长缓慢，严重时生长停滞。

图 9-19　受旱幼苗叶色深绿，
心叶不舒展

（二）病因

苗期或定植后过于干旱，水分供应不足，引起植株生长停滞。

（三）防治方法

苗期不过度控水。整地做畦（垄）要平，定植沟要平整，定植水要充足，栽苗深度适宜。浇水时，如果垄过长或地势不平，要分段浇水。

四、苦味瓜

（一）症状

果实近果柄端或整个果实有苦味，不能食用。

（二）病因

苦味瓜的出现与植株生长不正常及品种有关（图9-20）。当环境条件不适宜，如营养过量或缺乏、干旱缺水、温度过高或过低、光照不足等，植株都会生育不正常，造成植株葫芦素含量增加，果实变苦。在农事操作时，若植株根系受伤，也可产生苦味瓜。苦味瓜还和品种遗传有关，有 *Bi* 基因的品种，果实有苦味；无 *Bi* 基因的品种，则无苦味。

图9-20　一些华南型黄瓜含有苦味素较多，容易有苦味

（三）防治方法

选用不含苦味素品种，如中农19号。

创造适宜黄瓜生长的环境条件，减少苦味素的产生。

农事操作要细致，避免伤根。

第十章 塑料大棚秋茬黄瓜绿色栽培技术

塑料大棚秋茬黄瓜栽培，前期高温、后期低温，与黄瓜生长发育对温度前低后高的需求正好相反。不适宜的环境条件使秋季大棚黄瓜生产病害较多、产量较低，管理难度大。

❀ 第一节 定植前的管理

一、品种选择

塑料大棚秋茬黄瓜栽培前期高温多雨，后期低温寒冷，使得黄瓜雌花节率降低、第一雌花节位升高，同时有病害发生早、多、重的特点。选择雌花发育受环境影响较小或分枝多，同时抗病、温度适应性强的品种。可选择津优318、津优358、津优316、绿园4号、绿园30等品种。

二、育苗

（一）播种期

此茬黄瓜是以延长黄瓜供应期为目的，所以播种期不能太早。如果播种太早，与露地黄瓜一起上市，则价格较低，而且播种过早，苗期高温多雨，病害严重。但播种期也不可太晚，要考虑后期温度急剧下降，黄瓜迅速拉秧的情况，如果播期太晚，生育期变短，就会影响产量。一般东北、西北地区可在6月上旬至7月上旬播种；华北地区可在7月下旬至8月上旬播种；长江中下游地区可在8月下旬至9月上旬播种。

（二）育苗方法

秋大棚黄瓜可以育苗移栽，也可以直播。如果前茬作物不能及时倒茬，可采用育苗移栽方式；直播方式则较省人工。由于苗期正处高温季节，病毒病多发，可在播种前对种子进行药剂浸种处理，预防病毒病。可先将种子用清水浸泡，然后放入10%的磷酸三钠溶液中浸泡20 min，用清水洗净后播种。

1. 育苗移栽

一般要搭建小拱棚或在空闲的塑料大棚内进行。棚室平时通风，遇雨天关闭，防止幼苗被雨浇。育苗棚内摆好装好营养土的营养钵或穴盘，打足底水，然后播种。种子可以催芽后播种，也可以干籽直播。

2. 直播

直播法要先清洁田园，整地做畦。如果前茬施用基肥较多，肥力较高，且行距合适，可以直接利用前茬作物的垄或畦按照一定株距进行播种；如果前茬施用基肥较多，肥力较好，但行距不合适，可整地后不施肥直接播种；如果前茬肥力较差，要先施肥整地再播种。播种时，只留大棚顶部塑料膜防雨，大棚四侧打开通风。播种时，按照株距刨埯，深度5 cm左右即可，然后在埯内浇足底水，如果埯小，可以等水渗下后，再浇1次水，使底水充足。等水渗下后，在埯内播种。如果是催芽后的种子；可以每埯播种出芽后的种子2~3粒；如果种子没有催芽，可每埯播种饱满的种子4~6粒。播种时，种子间要留有一定距离，让种子在同一个水平面上。然后覆厚度约2 cm的细土，轻轻震压。

3. 苗期管理

苗期正处高温多雨季节，应以防病、防徒长为主。苗床顶部要有塑料膜防雨，四周通风。为了降低光照，顶部塑料膜可以选旧塑料膜或在中午时用遮阳网短时间遮光。苗期要保证土壤见干见湿，小水勤浇。还要注意随时除草和防治病虫害。

三、整地做畦

如果前茬施用基肥较多，肥力较好，可不施肥直接整地做畦；如果前茬肥力较差，要先施肥再整地。可以每亩施用 3000~4000 kg 腐熟的有机肥，深翻细耙，做成垄或畦。一般做成 50~70 cm 宽的垄或 100~120 cm 宽的畦。

❀ 第二节　定植或定苗

采用育苗移栽的，当幼苗具 2~3 片真叶时定植。定植应选阴天或晴天 15 时后进行；否则光照太强，容易伤害幼苗，不利于缓苗。一般采用开沟栽培，可在株间点施磷酸二铵或复合肥，每株施用 5 g 左右肥料即可。开沟后，可先将幼苗从育苗容器中取出，按照株距在沟内摆好，然后在沟内浇足定植水，水渗下后覆土，覆土与幼苗土坨相平即可。也可以先在沟内浇水，然后按照株距栽苗，水渗下后覆土。

采用直播方式的，当幼苗叶子互相遮挡时，应进行间苗；当幼苗具 2~3 片真叶时定苗，每埯留 1 株苗。间苗和定苗时要淘汰弱苗、病苗。

🍀 第三节　定植后的管理

一、前期的管理

前期是指从定植或播种到根瓜膨大的一段时期。此期正处在高温多雨季节，要注意通风降温。如果光照太强，而棚室通风能力又有限，应该采用遮阳网遮光（图 10-1）的方法来降低光照强度、温度，创造适宜秧苗生长的环境条件。

图 10-1　棚顶覆盖遮阳网

（一）移苗方式栽培的缓苗期管理

从定植到幼苗有新叶产生、叶片变大为缓苗期。此期要保证通风，防止塑料滑下导致温度过高。由于移苗栽培的幼苗较大，又处于光照较强、温度较高的条件下，定植后蒸腾量很大，特别适宜用遮阳网遮光，以降低光照和温度，有利于缓苗。定植 2～3 d 后，浇一次缓苗水，浇水要在早晚进行，水量不宜过大，水面与植株基部刚刚接触即可。缓苗期要及时除草、松土。

（二）抽蔓期管理

从缓苗或直播出苗后到根瓜膨大为抽蔓期。抽蔓期处于高温多雨季节，一旦发现幼苗缺水，就要浇水，要采用小水勤浇的方法，水量同缓苗水。小水勤浇既可以保证幼苗水分充足、降低地温，又不会因为灌水太多，使植株徒长。此期要及时插架或布置吊绳、绑蔓、除草，同时防止植株被雨水淋湿，注意防治病虫害。

（三）促进雌花分化

如果选用的品种是普通花型，应在苗期喷施乙烯利促进雌花分化，当幼苗出现 2~3 片真叶时，喷施 100~200 mg/kg 乙烯利溶液（40%乙烯利 1 mL 兑水 2~4 kg），5~7 d 后再喷 1 次；如果品种是雌型品种，则无须处理。

二、采收期的管理

（一）温度光照管理

此期外界温度逐渐降低，采用遮阳网的应该逐渐去掉遮阳网。采收前期，温度尚高，夜晚仍需通风。采收中后期，当夜温降到 15 ℃以下时，夜晚要闭风，使早晨太阳升起来前棚室温度达到 12~15 ℃。采收前期，白天要尽量加大通风量，后期白天棚室温度超过 30 ℃时通风，使棚室温度保持在 25~30 ℃。

（二）肥水管理

此期是黄瓜生长的最旺盛时期，肥水供应要充足。采收前期，一般 4~5 d 浇 1 次水，每隔 1~2 次水，追肥 1 次。采收后期，外界温度逐渐降低，每 7~8 d 浇 1 次水。追肥一般从根瓜膨大时开始，可选用尿素、硫酸铵等，每次每亩施尿素 10 kg 左右，或每次每亩施硫酸铵 20 kg 左右。

（三）植株调整

普通花型品种可将 10 节以下侧枝尽早去除，上部侧枝见瓜后留 1~2 片叶摘心，秧满架后及时打顶，促进回头瓜产生；雌型品种可将所有侧枝去除，植株长到一定高度后落蔓，一直利用主蔓结瓜。此期要及时去除病叶、老叶，及时拔除杂草，促进通风透光。

（四）采收

此茬黄瓜采收期较短，只有 40~50 d。采收前期，温度、光照等条件较适合黄瓜生育需要，黄瓜产量较高、品质较好，采收频率也高，一般每天早晨采收一次。采收后期，外界温度逐渐降低，黄瓜产量也逐渐降低，一般每 2~3 d 采收 1 次。

❁ 第四节　主要病虫害防治

塑料大棚秋茬黄瓜栽培病虫害较重，需要特别重视病虫害防治。此茬黄瓜早期易发生病毒病、白粉病，中后期容易发生霜霉病、细菌性角斑病等病害。栽培全程容易发生瓜蚜、温室白粉虱、潜叶蝇、红叶螨等虫害。病虫害防治要以预防为主，具体方法参见其他章节相关内容。

第十一章　黄瓜绿色栽培病虫害的防治原则与方法

🍀 第一节　黄瓜绿色栽培病虫害防治原则

要做到黄瓜绿色生产，必须贯彻"预防为主、综合防治"的植保方针。在防治过程中，要坚持以农业防治为基础，优先采用生态防治、营养防治、生物防治和物理防治，科学合理使用化学防治，综合运用各种防治方法，这样才能最大限度地减少化学药剂的使用，提高防治效率，使产品达到绿色产品的要求。

🍀 第二节　黄瓜绿色栽培病虫害防治方法

一、农业防治

农业防治是采用农业技术措施防控病虫害发生的一种防治方法，其实质是创造出适宜农作物生长的环境条件，避免产生有利于病菌和虫卵生育的环境条件，从而预防病虫害发生，是病虫害防治的基础和最重要的防治措施。

（一）控制病虫害传入

要加强植物检疫，严格执行检疫制度，防止各种病虫害从国外、外地传入。尤其是工厂化育苗，要做到种子消毒、培育无病虫壮苗，防止病虫害跨区域传播。

（二）选择适宜良种

1. 选择适宜品种

要选择适宜当地气候、设施和栽培季节的品种。

2. 选择优良品种

在适宜品种中尽量选择抗病品种。

3. 选择优良种子

要选择不带病菌、成熟饱满的种子。

（三）培育无病虫壮苗

1. 进行种子消毒

可用温汤浸种、药剂消毒、种膜剂处理及药剂拌种等方法。

2. 育苗场消毒

使用前，消毒育苗场所可减少病原菌和害虫。可采用高温闷棚、药剂熏蒸等方法。

3. 配制好营养土

营养土既要通气、有足够营养，也要无病菌、害虫。

4. 加强苗期管理

控制好温度、水分、光照等条件，并及时防治苗期病虫害。

5. 嫁接育苗

通过嫁接育苗，可有效预防土传病害发生，同时提高植株抗性和根系吸收能力，促进植株强壮，推迟与减少一些病害的发生。

（四）改善栽培场所

栽培场所的残枝、落叶、杂草、土壤及保护地的内表面常是病虫栖息之地。

1. 优化保护地结构、选择优质棚膜及畅通露地场所的排水通道

要根据实际条件尽量采用合理的建材修建优型日光温室和大棚，选用抗老化无滴膜（图11-1、图11-2），设置顶部及腰部通风口，保护地的通风口及通道要设置防虫网，露地栽培要修好排水沟，防止水淹而引发各种病害。

图 11-1 选用抗老化无滴膜，并合理　　图 11-2 使用非无滴膜容易
　　　　设置通风口　　　　　　　　　　　　起雾

2. 轮作

黄瓜连作会引发和加重各种病害；通过轮作，可以减少病虫积累，减轻危害。如果条件允许，最好能与非瓜类作物进行 3~4 年轮作。

3. 清洁田园

在播种和定植前，要及时清除残枝、落叶、杂草，整个栽培管理过程要及时除草。不仅要清洁栽培区、棚室内，还要清洁栽培毗邻区，防止周边杂草上的病原菌、害虫对黄瓜的侵袭。同时，妥善处理去掉的老叶、病叶，避免病虫害扩散。

4. 土壤与棚室消毒

利用夏季保护地休闲季节及外界高温条件，进行土壤高温消毒。土壤消毒可以结合秸秆还田进行。先将前茬的残留物清出大棚，然后每亩施未腐熟的农家有机肥 1000 kg、粉碎后的玉米秸秆 1000 kg（图 11-3）、石灰氮颗粒剂 50~100 kg。再用旋耕机将有机肥、秸秆、石灰氮颗粒均匀翻入土中（图 11-4），旋地最好是用功率大的旋地机，深度 30~40 cm 为佳，旋三遍，使秸秆、粪便、氰氨化钙在土壤里充分掺匀。使用旧塑料薄膜或地膜（图 11-5）覆盖地面，膜下饱和灌水，使之能在闷棚时产生水蒸气，在土壤里循环消毒。灌水可以用滴灌带或者大水漫灌，一直浇到地面见水为止，淹没土壤。把塑料膜四周和有破损的地方用土压上，不让其漏气。密封整个大棚，闷棚时间应在 1 个月左右。闷棚结束后，放出潮气再次旋耕，通风晾晒 10 d 左右，否则温度过高易烧苗。最好等地温降下来后定植作物，定植后也要注意通风降温等管理和操作。也可以在播种或定植前用硫黄、百菌清等烟剂进行保护地内表面和空间消毒。

图 11-3　将粉碎的秸秆均匀铺在温室　　　　　　图 11-4　旋耕

图 11-5　覆膜高温消毒

5. 深耕晒垡

通过深耕，改变病虫生活的环境条件，从而降低病虫基数。

6. 科学施肥

以有机肥为主，适量使用化肥。有机肥一定要腐熟并经过无害化处理，以免诱发各种生理病害及带入病虫；合理使用氮肥，氮肥过多会加重病害发生；适当增施磷、钾肥，增强植株抵抗力。

（五）其他农业措施

1. 地膜覆盖

地膜覆盖有提高地温、抑制杂草、减少浇水次数、降低空气湿度等作用，进而使环境更适宜黄瓜生长，抑制病菌生长繁殖。

2. 植株调整

要及时绑蔓、打侧枝、去卷须、打掉下部老叶病叶等。通过合理的植株调整，可以更好地通风透光，促进黄瓜生长，减轻病害。

3. 中耕除草

及时中耕可以提高地温，促进黄瓜生长，提高植株抗病能力。及时除草可更好地通风，减少害虫寄主。

二、生物防治

生物防治是指利用生物或生物药剂来防治病虫害的方法。

（一）利用天敌

利用丽蚜小蜂防治温室白粉虱，利用姬小蜂防治美洲斑潜蝇，利用瓢虫、草蛉防治瓜蚜、叶螨、红蜘蛛及温室白粉虱等。

（二）施用昆虫生长调节剂和特异性农药

这类农药可以干扰害虫的生长发育和新陈代谢，使害虫缓慢死亡。此类农药具有低毒、对害虫天敌影响小的特点。常用的有除虫脲、米螨、抑太保等。

（三）施用生物药剂

这些药剂包括细菌、病毒、抗生素等，对人、畜安全，但药效较慢。可用嘧啶核苷类抗菌素或武夷霉素防治白粉病、灰霉病等病害；新植霉素或农用链霉素防治细菌性角斑病。

三、生态防治

生态防治通过调整栽培场所的温湿度等环境条件，创造出有利于黄瓜生长的环境条件，从而达到预防与控制病虫害发生的目的。

（一）棚室生态调控

病害发生需要一定的温、湿度，如果温、湿度两个条件都能满足病菌生长发育要求，霜霉病、黑星病等病害就会迅速发生蔓延。通过调整保护地的温、湿度条件，使温、湿度两个条件中至少有一个条件不适宜病菌生长，可以达到预防与控制病害发生的目的。具体做法：上午如果棚室外温度适宜，先通风 1 h，排除湿气，然后密闭棚室，将温度升到 28～32 ℃（不可超过 35 ℃），这样有利于黄瓜进行光合作用，通过温度、湿度双因子抑制病菌生长。中午、下午通风，温度降到 20～25 ℃，相对湿度降到 65%～

70%，能够保证叶片不结露，通过湿度因子限制病菌的萌发。夜间不通风，相对湿度会达到80%以上，但温度降到11~12 ℃，通过温度因子限制病菌生长。进行温度、湿度调控时要悬挂温湿度计（图11-6），及时观测温湿度变化情况。

图11-6 温湿度计

（二）植株微生态调控

侵染黄瓜叶片、果实等部位的病菌多喜酸性，通过喷施药剂，改变植株表面微环境，使植株表面呈偏碱性，从而抑制病菌生长和侵染。常用的药剂有2%碳酸氢钠500倍液等。

四、营养防治

植株体内营养物质的含量和抗病性存在一定关系，通过施用含有一定营养物质的溶液，提高植株体内一些营养物质含量，可以达到预防与控制病害发生的效果。当植株内可溶性氮和糖的含量降低时，霜霉病就会发生；植株内可溶性氮和糖含量升高时，会减轻病害的发生。增加植株体内磷、钾的含量，也可以提高抗病性。具体可采用如下方法。

（一）喷施糖尿液

用尿素0.2 kg加糖0.5 kg加水50 kg配制溶液，在生长盛期每隔5 d喷施1次，连喷4~5次，可以减轻霜霉病等病害发生。

（二）喷施磷酸二氢钾

用0.2%磷酸二氢钾喷施叶面，连用3~5次，可以减轻病害发生。

五、物理防治

物理防治是利用热、光、隔离等物理方法进行病虫害防治。

（一）黄板或蓝板诱杀

利用涂有粘虫胶或机油的橙黄色木板或塑料板（图11-7），可以诱杀蚜虫、温室白粉虱等害虫。利用涂有粘虫胶或机油的蓝色木板或塑料板（图11-7），可以诱杀蓟马等害虫。

图11-7　棚室内张挂黄、蓝板诱杀害虫

（二）高温土壤消毒

在夏季休闲季节，将重茬地块密闭棚室、覆盖地膜，提高地温，可以减轻根结线虫、黄瓜枯萎病的发生。

（三）种子消毒

温汤浸种（55~60 ℃水浸种15~20 min）或高温干热条件下（干燥的种子在70 ℃温箱中处理72 h）处理种子，可以防止由种子带菌传播的多种病害。

（四）高温闷棚

密闭棚室，使室温升高至 45 ℃，持续 2 h，可以防治霜霉病。

（五）银灰膜避蚜

覆盖银灰色地膜可以驱避瓜蚜。

（六）采用紫外线阻断膜

选用紫外线阻断膜作为棚膜，可以减轻灰霉病、菌核病等病害。

（七）遮光措施

高温强光季节，在棚膜外覆盖遮阳网、喷施"立凉"或糊稀泥等方法可以降低光照强度、温度，预防病毒病的发生。

（八）覆盖防虫网

在保护地通风口及通道口覆盖防虫网（图 11-8）可以防止外界害虫侵入。夏秋季节虫害较重，可在育苗床上搭建小拱棚，覆盖防虫网，减少病害。

图 11-8　通风口覆盖防虫网　　　**图 11-9　太阳能杀虫灯**

（九）杀虫灯诱杀害虫

杀虫灯（图 11-9）可诱杀鳞翅目、鞘翅目、直翅目、半翅目等害虫，比如斜纹夜蛾、棉铃虫、甜菜夜蛾、甘蓝夜蛾、地老虎、烟青虫等。用杀虫灯诱杀操作简便、效率较高，每天可诱杀几百到几千头害虫。同时，可减少化学农药使用量。

六、化学防治

化学防治具有直接、快速、有效等特点。但在使用时，要严格遵守农药使用原则和标准，选用高效、低毒、低残留农药，科学合理地使用化学农药。

（一）农药使用原则

使用的农药必须是高效、低毒、低残留的非禁用农药，并严格按照国家农药使用标准使用。

1. 国家禁止在黄瓜上使用的农药

共包括以下 18 种农药：六六六、滴滴涕、毒杀芬、二溴氯丙烷、杀虫脒、二溴乙烷、除草醚、艾氏剂、狄氏剂、汞制剂、砷、铅类、敌枯双、氟乙酰胺、甘氟、毒鼠强、氟乙酸钠、毒鼠硅。

2. 限用的农药

共包括下列 20 种农药：甲胺磷、甲基对硫磷、对硫磷（1605）、久效磷、磷胺、甲拌磷（3911）、甲基异柳磷、特丁硫磷、甲基硫环磷、治螟磷、内吸磷（1059）、克百威、涕灭威、杀线磷、硫环磷、蝇毒磷、地虫硫磷、氯唑磷、苯线磷、氧化乐果。

3. 药品的选择

要选择正规的农药产品（图 11-10）。正规的农药产品的包装要具有以下标识：各有效成分的中文通用名、含量和剂型，农药登记证号，生产许可证，商标，生产厂（公司）名称、地址、电话、传真和邮编等，毒性标志，贮运图标，毛含量、净含量，生

图 11-10 正规的农药产品

产日期或批号，产品质量保证期，产品使用说明等。不得购买无厂名、无药名、无说明的"三无"农药。

（二）化学防治的原则与方法

1. 细致观察，及早发现

要治早、治小、治了。

2. 诊断准确、用药正确

要掌握病虫害症状，做到准确诊断。掌握防治各种病害的药品及使用方法。

3. 适时定位用药

要掌握病虫害发病规律，如灰霉病主要侵染花瓣，其次是柱头和小果实，防治要提前到花期，重点喷花瓣和幼瓜；霜霉病、白粉病等病害，叶子正背面都有病菌分布，所以叶子正、背面都要打药。

4. 合理混用农药

同类性质（指在水中的酸碱性）的农药才能混用，中性农药与酸性农药可混用，一些农药不可与碱性农药混用。常见的碱性农药有石硫合剂、波尔多液等。

5. 喷药细致、交替用药

雾滴要小、植株的重点部位要喷到；不同类农药交替使用。一般病害每6~7 d喷药1次，虫害每10~15 d喷1次。喷药要选晴天进行，温度高时浓度适当低些，小苗、开花期喷药量要小。为减轻劳动量，可使用小型充电式电动喷雾器，栽培面积较大的，也可使用电动喷雾车（图11-11）。为提高防治效果，可使用弥雾机（图11-12）进行喷雾。对于大面积栽培的，甚至可以使用无人机喷药来提高防治效率。

图 11-11　电动喷雾车　　　　　图 11-12　弥雾机

6. 注意安全

要保证产品安全、施药人员安全。要保证产品安全，就要严格遵守农药使用原则与标准；要保证人员安全，就要在施药过程中采取防护措施，戴口罩、塑料手套、风镜等物品，保护裸露部位，皮肤等处不能直接接触药液。如果打药过程中出现恶心、头晕等现象，应该立刻停止打药。如果症状较重，需要及时送医院治疗。

参考文献

[1] 宋铁峰. 黄瓜无公害标准化栽培技术［M］. 北京：化学工业出版社，2009.

[2] 宋铁峰. 图说黄瓜栽培与病虫害防治［M］. 北京：中国科学技术出版社，2020.

[3] 吕佩珂，苏慧兰，李秀英. 瓜类蔬菜病虫害诊治原色图鉴［M］. 2版. 北京：化学工业出版社，2017.

[4] 周俊国，姜立娜，蔡祖国. 黄瓜实用栽培技术［M］. 北京：中国科学技术出版社，2017.

[5] 王铁臣. 日光温室越冬茬黄瓜高产高效栽培技术图解［M］. 北京：中国农业出版社，2017.

[6] 王久兴，张慎好，闫立英，等. 瓜类蔬菜病虫害诊断与防治原色图谱［M］. 北京：金盾出版社，2003.

[7] 房德纯. 蔬菜病害防治图册［M］. 沈阳：辽宁科学技术出版社，1993.

[8] 王久兴，朱中华. 蔬菜病虫害防治图谱：（一）瓜类病害［M］. 北京：中国农业大学出版社，2002.

[9] 方秀娟. 黄瓜无公害高效栽培［M］. 北京：金盾出版社，2003.

[10] 李金堂. 黄瓜病虫害防治图谱［M］. 济南：山东科学技术出版社，2010.

[11] 吕佩珂，苏慧兰，高振江，等. 中国现代蔬菜病虫原色

图鉴［M］.呼和浩特：远方出版社，2008.

［12］　王永成，宋铁峰，张鹏. 图说棚室黄瓜栽培关键技术　［M］.北京：化学工业出版社，2015.